（左）ジェイクとわたしがステラを引き取った晩（よりにもよってスーパーの駐車場で）。このあと、生活がすっかり変わってしまうことを、わたしたちもステラも知らなかった。（右）家に着いてまもなく、わたしの目を見つめている。すぐにつながりを感じた。

「外」のボタンを導入して三週間後に、それを見つめているステラ。何度も見つめていたので、まもなく自分で押すのがわかった。

最初の三語を自分で話しはじめたあと、わたしは人間と動物のコミュニケーションについて書かれた本を読みあさるようになった。ステラのそばで読むのが好きだった。

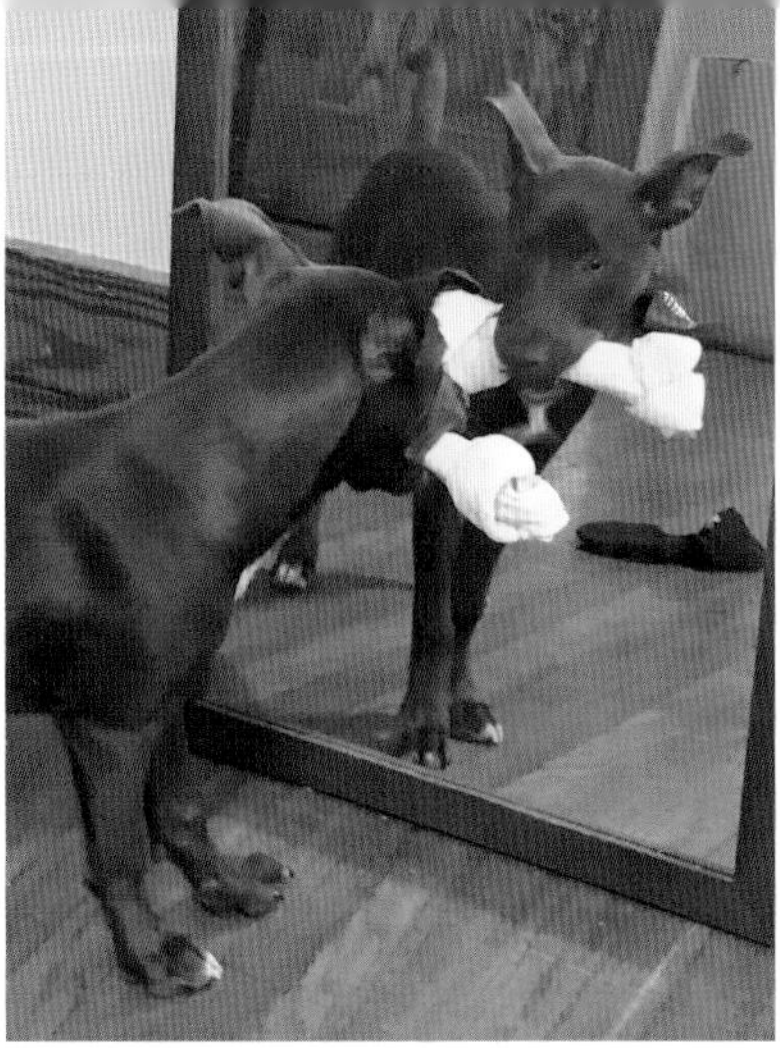

（左）ステラに新しい玩具や骨をあげると、いつも鏡の前で自分の姿を確認していた。鏡に映った自分を見て何を考えているのだろうといつも不思議だった。しばらくすると、ステラはこの骨をジェイクの服の山に埋めた。（右）オマハの家で荷造りをしているとき、ステラのボディランゲージや言葉の使いかたからかなりのストレスがあることが伝わってきた。最後のカウチがなくなると、ステラは「ノー」と言い、空の買い物袋の上で体を丸めた。

カリフォルニアへの長旅で、ステラははじめて見る美しい景色をわたしたちと同じように眺めていた。

サンディエゴに引っ越して一週間後、ステラはまた言葉をコンスタントに話すようになった。毎日夕方五時ちょうどに「食べる」と言った。

ステラはカリフォルニアでの新しい生活にすっかり慣れた。ドッグビーチはすぐにステラのお気に入りの場所になり、かなり頻繁に「ビーチ」と言うようになった。

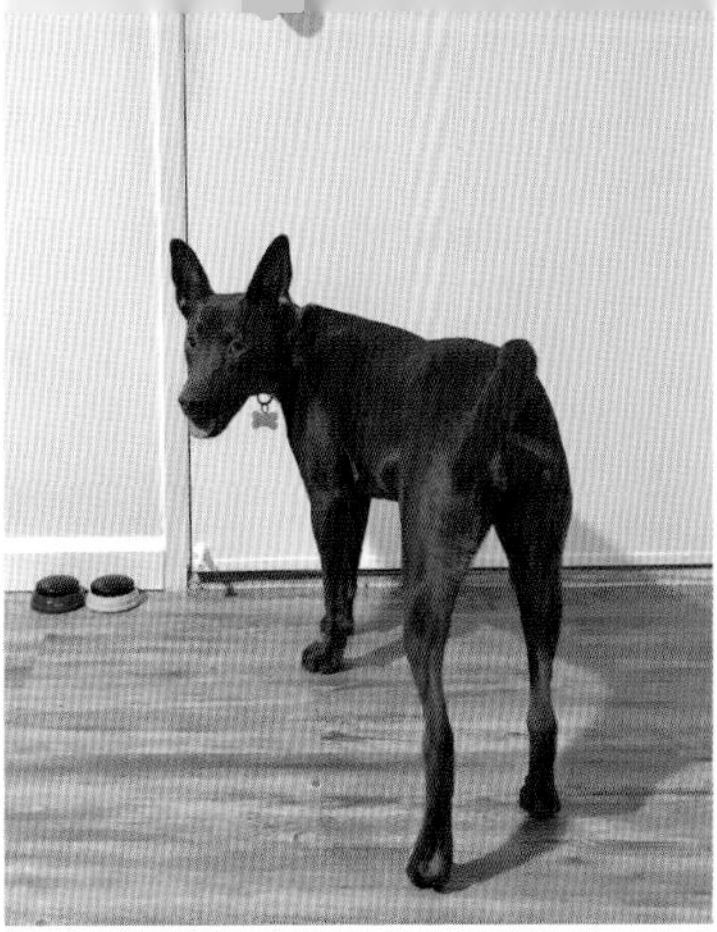

ステラは言葉への反応があると喜び、元気になる。ステラが「散歩」と言い、わたしが「いいよ」と答えると、ドアの脇で待っている。

ボタンを一か所に集めた最初のボード。新しい設定に慣れると、ステラはボードの上や近くにいるのが好きになった。

左の前足をボールに置きながら、右の前足で「遊ぶ」と話す。考えなくても言葉を話せるようになると、ほかのことをしながら話すようになった。

公園で、仲のいい犬の友達二匹と一緒のステラ。毎回同じ友達と同じゲームをする。幼児が毎週同じゲームをしようとするのを思いださせる。

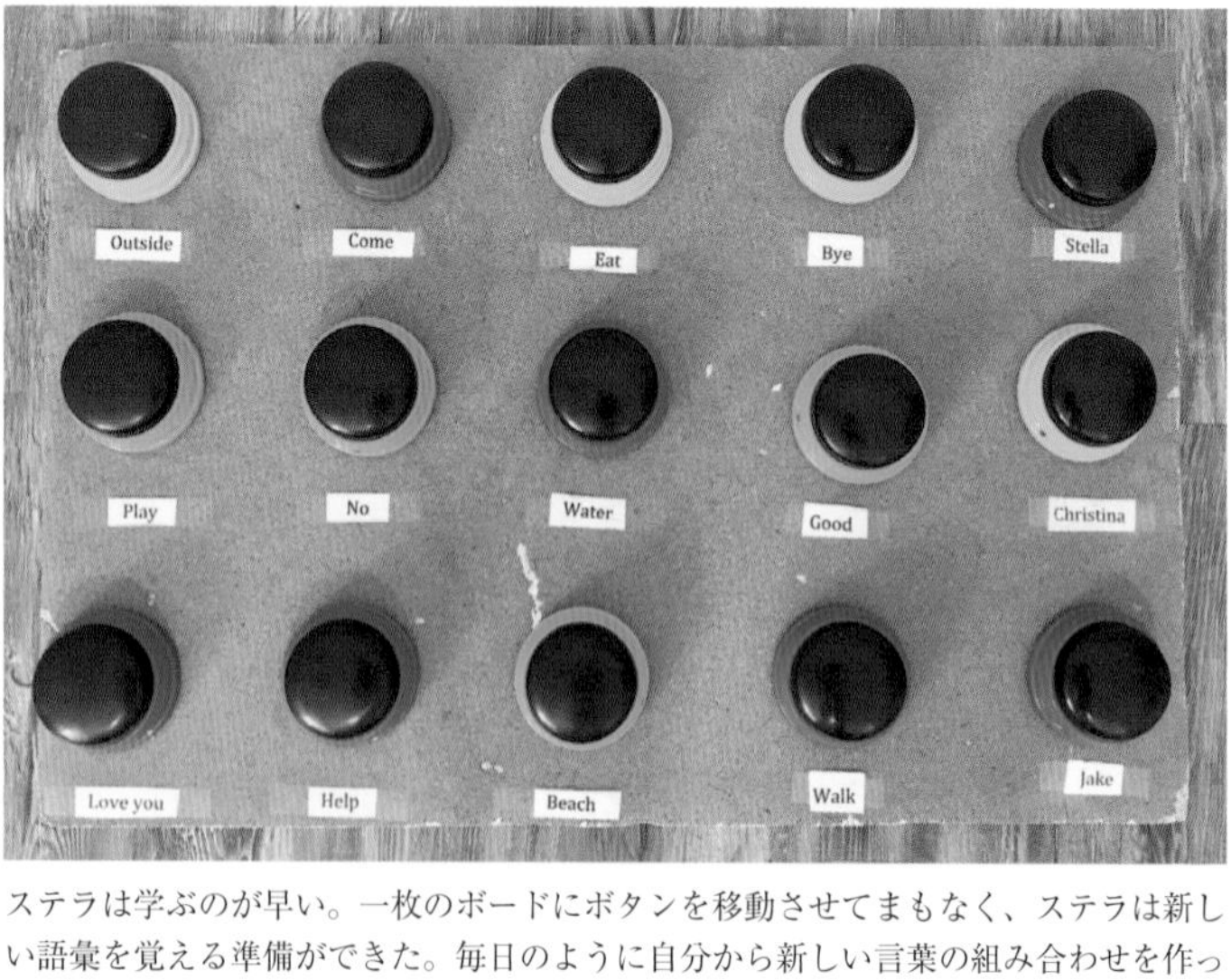

ステラは学ぶのが早い。一枚のボードにボタンを移動させてまもなく、ステラは新しい語彙を覚える準備ができた。毎日のように自分から新しい言葉の組み合わせを作った。

十五語あればしばらくは困らないだろうと思ったが、それは間違いだった。ステラがすべての言葉を適切に、頻繁に話せるようになると、語彙が多くより大きなボードに移行した。ステラは新しいボードを試そうとせず、午後中ずっと古いボードの上に横になっていた。

ボタンの並び順は以前のままだったので、大きなボードへの移行はボタンを一か所に集めたときよりもはるかに簡単だった。ステラのデバイスはリビングルームのかなりの面積を占めるようになった！

ステラは公園から帰ってくると、かなりの頻度で「パーク、遊ぶ」とか「パーク、幸せ」と言う。お出かけについてステラはほかにどんなことを考えているのだろう。もっと語彙があったら、ほかにどんなことが言えるだろう。

言葉で話すことはできるが、ステラは犬らしい行動やコミュニケーションも忘れていない。ちがうのは、自分を表現するもうひとつの方法を持っているという点だけだ。

ボタンはすべてボードにしっかりと固定されているので、旅先などに持っていっても毎回設定を直す必要がない。ステラはいつも自分の言葉を楽しんでいる。

How Stella Learned to Talk

Christina Hunger

世界ではじめて
人と話した犬
ステラ

クリスティーナ・ハンガー

岩崎晋也 訳

早川書房

HOW STELLA LEARNED TO TALK
The Groundbreaking Story of the
World's First Talking Dog
by
Christina Hunger

Translated by
Shinya Iwasaki
First published 2022 in Japan by
Hayakawa Publishing, Inc.
This book is published in Japan by
arrangement with
Hunger For Words LLC c/o The Marsh Agency Ltd.
acting in conjunction with The Fischer-Harbage Agency, Inc.
through The English Agency (Japan) Ltd.

装幀／早川書房デザイン室

夫のジェイクへ
あなたがいなければ、ここに書いたことは何ひとつできなかっただろう。
心から愛してる。

目次

プロローグ

「バイバイ、ステラ」ダイニングテーブルで朝ごはんを食べながら、わたしは言った。

「ジェイクと楽しんでおいで」

ジェイクはわたしの婚約者で、ステラのリードを手に持って玄関の脇で待っている。わたしが仕事の準備をするあいだ、ステラと一緒に出かけてビーチか公園で遊ぶのが毎朝の習慣だ。

「行こうか、ステラ」ジェイクが声をかけた。

ところが、ステラはキッチンから動かない。ちらりと振り向いて玄関を見たあと、わたしと目を合わせた。何を考えているんだろう？　いつもなら急いで駆けていくのに。

ステラは床に置かれたコミュニケーション・ボードに近づいた。ボードの大きさは六十センチ×百二十センチ。そこに並んでいる色とりどりのボタンには、それぞれ言葉が録音されている。ステラは四つのボタンを順番に押した。

「クリスティーナ、来て、遊ぶ、好きだよ」とステラは言った。そしてボードから降り、わたしをもう一度見つめた。

ジェイクが笑った。わたしも思わず笑みがこぼれた。「一緒に遊びに来てほしいの、ステラ？」

ステラはしっぽを振った。

わたしはすぐに靴を履いてコートを着ると、ジェイクの手からリードを受けとった。

わたしはいま、遊びにいこうと自分の犬に誘われた。これはちょっとしたことじゃない？

第一章　やればできると仮定する

幅が百八十センチもある巨大な積み木のようなブランコに腰かけ、わたしは息を潜めて待った。言語療法の受け持ち患者であるオリヴァーが、タブレットサイズのコミュニケーション・デバイスを持ち、隣にすわっている。いつもは手助けしてあげないと、自分からその〝トーカー〟を使うことはめったにない。ところが今日は、セッションが始まるなり自分から手に取った。**何を伝えたいんだろう？**

オリヴァーはまだ九歳だが、背丈は二十四歳の言語聴覚士であるわたしと同じくらいだ。バスケットボール用の短パンにTシャツという服装は、よくいる同い年の男の子と変わらない。だが脚にはめた装具、耳につけたノイズキャンセリング・ヘッドフォン、そして肩からかけたコミュニケーション・デバイスで、何かがちがうとわかる。オリヴァーは自閉症スペクトラム障害を持っている。ネブラスカ州オマハのこの小児科病院に、理学療法と作業療法、言語療法を受けるために何年も通っている。

オリヴァーは眉をひそめ、指を画面の上にさまよわせている。わたしはオリヴァーが何を言おうとしているのかに意識を集中し、同じジムのなかでブランコをこいだり、クライミングウォールに登ったり、キックボードに乗ったりしている子供たちの騒音を遮断しようとした。

いろいろな可能性が頭を駆けめぐった。ここ数週間ブランコで練習していた言葉を言おうとしているのかもしれない。オリヴァーは体を動かしているときがいちばん学習がはかどるので、「行く」「止まる」「速い」「遅い」といったたくさんの言葉をブランコの上で覚えてきた。わたしはオリヴァーのデバイスで「速い」という言葉を押してモデリングする（手本を見せる）のが好きだった。できるだけ高くなるように背を押すと、オリヴァーは金切り声を上げ、頭を後ろにそらして笑い、加速の瞬間を楽しんでいた。オリヴァーは誰がいつ見ても笑顔だった。純粋な喜びが部屋全体を明るくしていた。

オリヴァーはタブレットにある六十個のアイコンのひとつに触れ、ちがう言葉が並んでいるページを開いた。明るい色の正方形の列に人差し指を這《は》わせ、そのひとつの上で止めた。それを押すと、合成音声が言った。「米」

「米?」わたしはとまどった。ここはジムだ。キッチンではない。米について何か話そうとするとは考えにくい状況だ。「ランチに、お米を、食べる?」一語ずつゆっくりと口に出して、タブレットでもその単語のボタンを押す。トーカーの使いかたを覚えるには、人がそれを使っているのを見るのがいちばんいい。

オリヴァーはうなり、もどかしそうに脚をばたつかせた。言いたいのはそういうことじゃないんだ。

わたしは腕時計を見た。四時三十五分。「セラピーが終わったあと、夕食に米を食べたいのかしら。お米が食べたいの？」

オリヴァーはわたしの手を払いのけて繰りかえした。「米、米」

先週のセッションでも「米」と言っていたが、気にとめていなかった。まわりに米はなかったから、新しい言葉を試してみただけだろうと思っていた。オリヴァーはこのコミュニケーション・デバイスを使いはじめてまだ二か月ほどだし、子供が自分から意図して言葉を使うようになるには数か月かかることもある。時間をかけていろいろな言葉を試し、コミュニケーション・システムから聞こえる音を聞き、表示を見るという過程を経たあと、ようやくデバイスを使って話せるようになる。それは赤ん坊がしばらく人々の話す言葉を聞いていたあとで、自分で言葉を発するようになるのに似ている。オリヴァーが「米」と言っているのが一度きりのことではないとわかったので、米に関して知っているあらゆるものをモデリングしてみた。つまり、オリヴァーのデバイスを使って、さまざまな表現を試してみた。

オリヴァーはお腹が空いていて、米が食べたいと伝えたいのだろうか？　米が好きだと言いたいのだろうか？　米が嫌いで、それをわたしにわかってほしいということもありうる。わたしは「米、よい」「米、悪い」「米を食べる、好き」「おしまい、米を食べる」「オリヴァー、米を食べる」「学校、米を食べる」など、思いつくあらゆる表現をモデリングした。ひとつ試すたびに、間《ま》をとって反応をたしかめる。オリヴァーは話せるよりもはるかに多くのことを理解していて、言語の受容（読んだり聞いたりしてわかる）能力が表出（書いたり話したりする）能力よりも大幅に高い。伝えたい内容を言いあてることができれば、喜びを露わにするはずだ。わたしが高校で習ったフランス語を何年も経ってから話そうとするときはこんな感じだ。読んだり、人が話すのを聞くときは、意味がわかる。ところが、その言葉を自分で考えて言うのははるかにむずかしい。それは、わたしのフランス語の受容能力が表出能力よりもかなり高いからだ。

オリヴァーはヘッドフォンを外し、床に放り投げた。ブランコを揺すり、不満そうに声を上げてわたしのクリップボードをはたき落とした。

「わかった、わかったよ。大丈夫だから。そんなに怒らないで、オリヴァー」わたしは彼の正面でデバイスを持ち、「怒る」のボタンを押してみせた。状況がこれ以上悪くなるまえに気持ちを切り替えさせなくてはならない。いちばん手っ取り早いのは、ブランコをこぐことだ。何をしているときも、オリヴァーはブランコが大好きだ。自閉症の子供には、そういう子が多い。揺れる動作は規則正しい刺激を与えるからだ。全体重を使ってオリヴァーが乗ったブランコをできるだけ高く動かすと、すぐに彼はいつもの笑顔を取り戻した。状況は持ちなおし、セッションは台無しにならずにすんだが、まだ問題が解決したわけではない。**なぜオリヴァーは「米」と言っているんだろう？　そしてなぜオリヴァーはわたしが米のことを話そうとするとこんなに怒るんだろう？**

わたしはオリヴァーをはじめ多くの子供たちと一緒に、コミュニケーション・デバイスを使った会話を学んできた。コミュニケーション・デバイスはAAC（補助代替コミュニケーション）のひとつだ。AACというツールを使えば、重度の言葉の遅れや障害を持つ人々も言葉を話せるようになる。オリヴァーはときどき、動画やまわりの会話で耳にした単語を繰りかえし口にすることがあったが、九歳にして、話せるのはそれだけだった。多くの人は言語を話す能力がその人の知性あるいは言語能力を表していると誤解している。だが言語聴覚士の仕事をしていると、こうした誤りを正すことができる。長いあいだ誤解されてきた子供たちが、AACを手にして驚くほど変わっていく姿を見るのは嬉しい。

大学院時代に、AACを使って二年ほどになる患者がいた。はじめは二語の表現でしか意思疎通できなかったのだが、わたしがその日はじめて着た、もこもこのセーターの袖に触れたとき、変化が訪れた。彼女はわたしを見て、「新しい紫のセーター、好き」と言ったのだ。「セーター」と言えることすら知らなかったし、わたしの服を気にしているとも思っていなかった。

わたしは近ごろ病院で、べつの患者が利用しているデバイスの語数を二十語から上限の二万語まで増やしていた。すると設定の変更をした日に、その男の子は「下の階、下の階、緑のブロック」と言い、扉のところへ駆けていった。ところがドアノブを器用に回すことができず、思いきり引っぱった。もし何がしたいのかを話していなかったら、わたしは扉を開けなかっただろう。セッションから逃げようとしているのだと判断したはずだ。下の階のセラピー用エリアに入ると、彼はまっすぐゲームが置かれた棚に向かい、真ん中あたりから段ボール箱を取りだした。ついでにたくさんのゲームを棚から落としてしまったが、そんなことは気にしていなかった。ふたを開け、緑色の磁気ブロックをすべて取りだし、それをさまざまに積みあげていった。その日までは、さっきの言葉のなかで、言うことができるのはおそらく「下の」だけだった。自分が遊びたいゲームをきちんと伝えられるようになるまで、どれほど長いあいだ待っていたことだろう。逃げだそうとしてではなく、使いたいものがある場所までわたしを連れていこうとして、何度ドアノブを引っぱっただろう。わたしはセッションが終わるまで待てず、すぐに彼の母親にこの大きな進歩のことを伝えた。

親のなかには、あるいは専門家のなかにさえ、重度の障害がある子供は何も知らず、教育するのは困難だと考える人々がいる。わたしの経験では、学習し、自分の潜在能力に気づく機会を障害のある子供に与える方法を、多くの専門家はまるで理解していない。あるいは、可能性を引きだせるまで継続していない。どんな子供でも、自分の潜在能力を信じていれば学習は大いに進む。だがＡＡＣを使う子供にとっては、潜在能力への信頼こそがすべてなのだ。言語聴覚士や親が子供の能力を心から信じていなければ、限られた選択肢しか与えず、子供の可能性を狭めてしまうことになる。専門家がＡＡＣの可能性を低く見積もってしまったら、子供の成長はそこで止まる。

わたしが受け持つまえのオリヴァーもそんな状況だった。コミュニケーション・デバイスに登録されていたのはわずか十種類の文だけだった。アイコンを押すと、「もっとブランコに乗りたい」とか、「トイレに行きたい」という音声前任の言語聴覚士は、言いたいことはそれくらいだろうと考えていたわけだ。三十分間のセッションのあいだずっと、オリヴァーは「もっとブランコに乗りたい」と繰りかえしていたのだろう。無理もない。どうしようもなかっただろう。ブランコについてべつのことを言ったり、いつもしているほかの活動のことを話したりはできなかったのだから。オリヴァーはその状況で最善を尽くしていた。

オリヴァーのことがよくわかってきて、これなら大丈夫だと思えたので、オリヴァーのデバイスを十種類の文ではなく二万語以上の単語を登録したものに変更できると伝えるために、母親との面談を設定した。それがこの言語プログラムの初期設定であり、本来の使いかただった。前任の言語聴覚士はそこから逸脱し、単語をすべて消去して自分が作った文に置き換えていたのだ。それだけたくさんの言葉が使えれば、みなと同じように、オリヴァーはやがて無数の文を生みだせるようになるだろう。だがこれは、わたしが言語聴覚士として働きはじめて、まだ数か月めのことだった。子供のコミュニケーション・システムをこれほど大胆に変えたことも、経験豊富な言語聴覚士の治療計画を捨てて自分で計画を立てたこともなかった。大学院では、AACのデバイスを一から構築し、しっかりとした治療計画を立てる方法について教わっていたが、効率的ではない計画の修正はまだ経験したことがなかった。

面談の準備をするために、ノートを見返した。あらかじめ登録された文ではなく単語に基づくAACのシステムを使い、要求を伝える以外にもさまざまな目的で意思疎通することや、名詞だけでなくいろいろな文脈で使える単語を教えることの重要性が説かれた記事をまとめた。母親に不安が伝わらないようにと願った。重要なのは母親の信頼を得ることだ。オリヴァーはいままで機会が与えられたよりも、はるかに多くを学ぶことができる。

「オリヴァーは自分なりに精いっぱい頑張っています」小さな会議室に着席すると、わたしは母親に言った。「でも、もっとたくさんの言葉が必要です。変更することになりますが、いまよりもはるかに多くのことが話せるようになるでしょう」そう言いながら、AACの記事を提示した。「このシステムを使えば、一生にわたって意思疎通することができますし、オリヴァーの成長につながります。娘さんが話しはじめたときのことを思いだしてください。片言から始まって、単語を口にして、単語をつなげるようになり、それからようやく文の形で話すようになったでしょう」

顔を上げてこちらを見た彼女には、長いあいだ息子の治療がうまくいかず、失望を味わってきたことによるためらいがあった。簡単なことであるはずがない。オリヴァーにはわたしのまえにも何人かの言語聴覚士がついていたが、コミュニケーションを成長させるための見通しはそれぞれ異なっていた。それだけ多くの異なる専門家の意見を聞き、自分の息子にとって何が最善かを考えることは、とまどい、とても疲れることだったにちがいない。「ええ」と彼女は言った。

「オリヴァーもそれと同じ過程をたどって言語を話せるようになる必要があります。ただ、やりかたは少しちがいますが」

「わかります。すばらしいですね」と彼女は言い、ページを指で叩いた。「ただ少し……心配なんです。オリヴァーはしばらくまえからあのデバイスを使っていて、学校でもうまく対処してもらっています。みんなあれに慣れているんです」

わたしはうなずいた。「もちろんこの言語セットは、いつでも戻れるように残しておきましょう。わたしからも、学校の療法士と連絡をとって、覚えようとしている言葉や概念について情報を共有します。あちらからは学校であった重要なことを教わり、こちらからはここでの取り組みを知らせます。やってみる価値はあると思います」

母親はほかにもいくつか質問をして、計画を進めるのを認めてくれた。わたしはオリヴァーの世界が広がることに期待した。母親が信頼してくれたことは言うまでもなく光栄なことだった。そのときわたしは、オリヴァーのコミュニケーション能力を彼にとって最高に引きあげることと、母親を失望させないことを誓った。デバイスの設定を変更すると、これからのセッションで話せる言葉は驚くほど増えた。

オリヴァーは予期したとおりの学習段階を経て発達していった。彼はまず、デバイスのボタンをでたらめに押し、何が起こるかを観察することに時間を費やした。赤ん坊が話しかたを覚えるときに声を出して遊ぶ〝喃語《なんご》〟のように、言葉で遊んでいたのだ。まもなく、すでに知っている「もっと」や「ブランコ」「行く」などの単語を適切な状況で使うようになった。それから、ブランコをぐるぐる回してほしいときには「回す」、活動をそこまでにしたいときには「止める」など、新しい言葉を話しはじめた。オリヴァーはこれまでずっと、何かをやめてほしいときには、声を上げたり蹴ったり、引っかいたりしていた。だが人生ではじめて、それを言葉で伝えることができたのだ。オリヴァーは攻撃的な子供ではなかった。ただほかに自分の思いを伝える方法がなかったのだ。オリヴァーを担当するほかの療法士や母親、わたしは、伝える手段を持っていなかっただけで、彼にはたくさんの意見があったのだと発見した。オリヴァーは新しいデバイスの設定を使うコツをつかんできた、とわたしは思っていた。

この日「米」と言いだすまでは、彼が話したのはすべて意味の通る言葉だった。何か覚えようとしている言葉があれば、担当の理学療法士の机まで連れていってそのことを伝えていた。理学療法士や作業療法士とのあいだには、目標を達成するための協力関係ができていた。待合室に立ち寄って、母親と話すことも忘れなかった。セッションのあとで毎回報告すれば、オリヴァーがほかの場所でどんなコミュニケーションをとっているかを知ることができた。たとえばあるとき、ゲームの最中にオリヴァーが「歯医者」と言ったとわたしが何気なく伝えると、母親は目を丸くした。そして、オリヴァーがその日学校を早退して歯医者に行ったことを話してくれた。それはわたしには大きな意味のあることだった。そうと知らなければ、その日の出来事を伝えようとしたのだとはわからなかっただろう。言葉で情報を伝えるというのは、言語の発達における大きな一歩だ。以前のデバイスに登録されていた限られた文では、こうした意思伝達は不可能だっただろう。母親は大喜びし、わたしたちは興奮した。オリヴァーはそのとき欲しいものや必要なもの以外のことも話せるのだ。

わたしは混みあった待合室で彼女の隣にしゃがんで尋ねた。「オリヴァーは家で『米』という言葉を口にしたことはありませんか？」

彼女は考えこんだ。「いいえ、覚えがないわ。どうして？」

「今週も先週もそう言っていたんです。今日は、理由を探ろうとするとかなり苛立《いらだ》った様子でした。お昼か夕飯にお米を食べることはありますか？」

「たしかにときどきは食べるけど、とくに思い入れがあるとは思えない。まあ、それがいつものオリヴァーなんだけど」彼女はため息をついた。「まるで見当がつかない」

「きっと突きとめられるはずです。もしもお宅でその言葉を聞いたら、来週教えてください。それに、忘れるまえにお伝えしておきます。オリヴァーはデバイスの恐竜のページを発見しました。片づけをしているあいだ、恐竜の名前を何度も繰りかえしていました。今日は時間がなかったんですが、来週は恐竜の玩具を持ってきますね」

それから三週間、オリヴァーはセッションのはじめに同じことをした。彼は「米」と言いつづけ、わたしは米に関係する思いつくかぎりのことを言う。わたしはその言葉が頭から離れなくなった。米の写真を印刷したり、おままごと用のキッチンから米びつの玩具を持ってきたり、デバイスに載った食品関係のアイコンをすべて調べ、似たものがないか調べたりした。もしかしたらほかの言葉を話したいのだが、それが見つからないのかもしれない。作業療法士と理学療法士にも確認した。どうやら、オリヴァーが「米」と言うのは、わたしといるときだけのようだ。**どうして？**　しかもオリヴァーは、わたしが持ってきた恐竜の玩具や本をすべて拒否した。恐竜の名前は言いつづけているのに、玩具や本にはまったく関心を示さなかった。まるで訳がわからない。

その三週間のあいだ、オリヴァーはわたしが「米」という言葉に反応するたびにますます苛立つようになっていった。大声を上げ、わたしの腕に爪を食いこませ、わかってもらおうと必死になった。デバイスを床に落としたり、こちらに向かって放りだしたことさえあった。顔を逸らしてよけると、デバイスは床のマットレスに当たった。彼はあらゆる手段を使って、怒っていることを伝えようとした。わたしは深呼吸して、**これは感情が抑えられないだけ、感情が抑えられないだけ**、と心のなかで唱えて、どうにか自制心を保った。大学院で学んだことはこの仕事をするうえでさまざまな面で役に立ったけれど、さすがにこんな状況の対処法は教わっていない。何がおかしかったんだろう？

　この「米」問題が始まるまえは、オリヴァーとの関係は良好だった。彼は大人とうまくやっていけないこともあったが、わたしのことは明らかに信頼してくれていた。ちょっとしたゲームで仲良くなり、そこからふたりだけに通じるジョークが生まれ、彼はそれを毎週楽しみにしていた。オリヴァーはわたしに動物の鳴きまねをさせるのが好きだった。「ニワトリ」と言って、わたしが「コケコッコー」と声を上げたり、「オオカミ」と言ってわたしが天井に向かって吠えるのを聞くと、爆笑していた。鳴くのを忘れていると、彼は優しくわたしの腕を叩いてその役割を思いださせた。オリヴァーとわたしが仲良くなれたのは、わたしが自分のしてほしいことを彼にさせなかったからだ。できるだけ彼の興味を追いかけ、それを広げようとした。わたしの仕事は、こんな場面ではこう言うのだと強制することではなかった。話したいことをなんでも話し、生きていくうえで大切な人と関係を持つスキルを授けることだった。

だがいまは、オリヴァーがセッションで見せる苛立ちが恐ろしかった。彼は子供にしては力が強い。これが続いたら、何が起こるかわからない。自分を傷つけるかもしれない。わたしを傷つけるかもしれない。ふるまいが変わり果ててしまったことがつらかった。これまでの彼はどこかへ行ってしまった。わたしたちのコミュニケーションやリズムは壊れてしまった。毎週、信頼を失っていっているように感じて怖かった。この状態が長引けば、それだけ関係の修復はむずかしくなるだろう。


翌週の土曜日の午前、その日の最初の受け持ち患者は、いつも時間どおりにパジャマでやってくる、かわいい小学生の女の子アナだった。毎週、来るとすぐに自分が遊びたい場所を教えてくれた。ほとんどの場合はジムに行きたがった。わたしも彼女の年齢なら、跳ねられるようにマットレスが敷きつめられた床、十台ものブランコ、跳びこめるぐらいクッションをしきつめたスペース、登れる壁面がある場所を好んだだろう。開放された遊び場や知育用ジャングルジムは子供たちにとても人気がある。

その朝、アナは「上の階で遊べる？」と尋ねた。わたしに異存はなかった。棚から本とゲームを取りだし、上の個別治療室に行った。電気をつけながら廊下を通っていった。その朝は、まだ誰もこの階に上がっていなかった。

「ここにする！」アナは声を上げながら右手の二番めのドアを開けた。その部屋には子供サイズのテーブルと椅子のほか、面白そうなものが何もないことを知り、彼女はため息をついた。ジムよりもずいぶんつまらないところに来ちゃった。

「このテーブルは本を読んでゲームをするにはぴったりね！　今朝はここに来られて嬉しいわ」とわたしは言った。アナは信じられないという表情をしている。彼女はテーブルのまわりを歩き、床にある小さな透明の容器を見つけた。

「クリスティーナ先生、これなあに？」

「いい質問ね。それは容器。なかには……あっ」わたしは椅子から跳ねあがった。

「なかには？」

「なかにはお米が入ってる」

アナはわたしと一緒に床にすわり、ふたを開けると何が出てくるのだろうと興味を抱いた。「見て、クリスティーナ先生！　恐竜が入ってる」彼女は両手を米のなかに入れ、残りの恐竜を探りあてた。「気持ちいい！」独特な感覚を持つ子供は、米のなかで手を動かすのが好きだ。静かで、手触りが心地よい。

わたしは首を振って、笑った。オリヴァーがこの五週間ずっと伝えようとしていたのはこれにちがいない。ほかの可能性はすべて試していた。お米が食べたいのではなかった。恐竜の本や動画が見たいのでもなかった。わたしが理解しないことをあれほど怒ったのも無理はない。米が入っていて、そのなかに玩具の恐竜が埋まった容器で遊びたかったのだ。

火曜日にオリヴァーがセラピーを受けに病院に来たとき、わたしは知ってしまった秘密を話したくてしかたがない小さな子供のようだった。それどころか、ジムの三角コーンの後ろに容器をこっそり置いておいた。彼が来るなり、「**やっとわかったよ！　あなたはずっと、恐竜の入ったお米の容器で遊びたかったんでしょ！**」と声を上げたくてたまらなかった。それでも、オリヴァーがもう一度それを言うのを待った。わたしは普段よりも少し元気がいい足取りで、オリヴァーを知育用ジムへ連れていった。オリヴァーはいつもどおりにブランコにすわり、デバイスに触れて画面をつけ、いつもどおりに「米」と言った。

「お米ね！　いいわよ。お米で遊びましょう」

オリヴァーの視線を感じながらジムの奥へと歩いていき、隠しておいた容器を取りだした。ブランコに戻ってくると、オリヴァーは歓声を上げて喜んだ。これまでに聞いたことがないほど大きな声だ。オリヴァーは米をすくってそれを放り、なかの恐竜を探りはじめた。わたしは散らかっても気にしなかった。わたしが気づくのを六週間も待っていたのだから、お祝いをする権利がある。三十分のセッションで、オリヴァーがはしゃいだ手を止めたのは一度、米から手を出してわたしの腕をそっと撫でたときだけだった。

この「米」問題の結末をオリヴァーの母親とほかの療法士に話したあとで、かなり以前にこの病院に勤務していた言語聴覚士と米の入った容器で遊んでいたのだということを知った。だからわたしにもそれを求めたのだ。母親は、オリヴァーがこの六週間、無意味なことを言いつづけ、理由もなく激高していたのではないと知って驚いていた。息子を見る目には、新たな誇りと安堵がこもっていた。これで、デバイスの設定を変えたのは正しい選択だったことがはっきりした。わたしたちはまだ彼の知識と忍耐、そして潜在能力のうちほんの上辺《うわべ》を見たにすぎない。これだけ長いあいだ、ほかにどんなことを伝えようとしていたのかを早く知りたかった。それ以降のセッションではずっと、彼が知っているかもしれない、あるいは伝えられるかもしれないあらゆる可能性に心を開いた。この単語、フレーズ、あるいは文はわからないはずだと決めつけることはしなかった。モデリングする言葉はできるだけ多くした。オリヴァーは自分なりの二語か三語のフレーズを毎日作りつづけ、これまでに会ったことのある人について「ケチな」とか「優しい」といった形容詞を使い、お気に入りの動画を見たあとは「面白い」と言い、わたしがインフルエンザで休んだあと復帰したときには、「言語聴覚士、病気」と話した。

大学院では、教授たちから何度も、AACを必要とする子供たちを援助するさいには「やればできると仮定する」ことが重要だと指導されていた。やればできると仮定するとは、誰もが学べるし、誰にでも言うべきことはあるという基本的な理解を持って援助に当たることだ。必要なツールや介助を試してもみないで、人のコミュニケーション能力を推し量ることはできない。ほかの人たちはみな、オリヴァーに教えてもしかたがないと思いこんでいた。できるのは、できあがった文を話すためのボタンを押し、何種類かの要求を表現することとくらいだろうと。欲しいものが手に入らないと、オリヴァーは声を上げたり蹴ったりしていた。そうしたふるまいの背後には、すばらしい潜在能力があるにもかかわらずひどく誤解されてきたという経緯があった。彼に必要なのはただ、学ぶ機会と適切なツール、そして信じてくれる人だけだった。わたしはやればできるという仮定がこれほど重要だということを、教室での講義だけでは十分に理解できていなかった。いまようやく、オリヴァーに言葉を学ぶ適切な機会を与え、彼を信じたことがとてつもない変化をもたらしたのだとわかった。わたしは彼を、そしてこれまでに援助したすべての子供を、可能性というレンズを通して見た。どの子供についても、知っていることや学べることはこれくらいだろうという仮定を決してしなかった。すべての子供に、障害の重さにかかわらず、学ぶ機会が与えられなければならない。わたしたちは子供たちの限界ではなく、可能性について議論しなければならない。わたしは子供たちが本当に学ぶ機会を与えられ、話している姿を見るのが好きだ。ＡＡＣには現実を変える力がある。わたしはその力をもっと使ってみたかった。

第二章　オジーとトゥルーマン

ピンポーン。玄関のドアノブに吊しているチャイムが鳴った。ボーイフレンドのジェイクとわたしが預かっている二匹のゴールデンドゥードルの一匹、オジーがドアマットのところでわたしたちを見つめている。

ジェイクはオジーの前にしゃがみ、白いもさもさの毛を撫でた。「また外へ行きたいのかい？　さっきも出たばかりなのに」

オジーはもう一度前足を上げてチャイムを押した。いたずら仲間である黒いゴールデンドゥードルのトゥルーマンとともに、外へ行きたいときにはチャイムを鳴らすようしつけられている。自宅での環境に合わせて、チャイムは玄関のドアノブにかけられていた。

「オジーはチャイムを鳴らすのが本当に好きね。散歩に行きたいのかも。二匹一緒に連れていってもらえる？」とわたしは言った。トゥルーマンは「散歩」という言葉を聞くやいなや、カウチから飛びおりてドアのそばにいるジェイクとオジーに加わった。

「どうやら行きたいらしい」とジェイクは言った。「リードをつけよう」

オマハの冬は終わりかけていた。近所の前庭の端には雪解けの汚泥が一列に積みあげられている。オジーとトゥルーマンは口の脇から舌を垂らして荒い息を吐き、見知らぬ一帯の探検に出かける喜びを表していた。

オジーとトゥルーマンは、以前わたしの上司だった言語聴覚士のマンディの飼い犬だ。マンディが家族と週末旅行に出かけると聞き、いい機会だと思って、かわいい犬たちの世話をすることにした。数か月前にも預かったことがあり、二匹の性格の違いに興味をそそられていた。オジーは目の前の出来事に没頭するタイプで、変化に適応するのが上手だ。外へ行きたいときにチャイムを鳴らすほかは、あまり手を焼かせることもない。わたしたちともごく自然に一緒に過ごしていた。ところがトゥルーマンはもっと元気があって、落ち着きがなかった。些細《ささい》なことを気にして、どこかくつろいでいないところがあった。

ジェイクも預かることに乗り気だった。つきあって十一か月経ち、一緒に暮らしはじめたばかりだった。ジェイクはミネソタ州北部の小さな町の出身で、五年ほどまえにオマハに引っ越してきて、大規模な農業法人の財務アナリストとして働いていた。田舎で育った子供のころには、体重五十キロの黒いラブラドール、カービーを飼っていた。カービーは昼間は家の裏の森で過ごし、夜には断熱材の入った小屋で寝ていた。池で泳いで魚を追いかけたり、家族の誰かがわざと森に打ちこんだ野球のボールを取ってきたりして遊んだ。

だからジェイクにとっては、犬をトイレや散歩のために外へ連れていくというのは新鮮なことだった。

わたしは子供のころ、犬が欲しくてたまらなかったが、喘息《ぜんそく》のために飼えなかった。毛むくじゃらの家族が得られない穴埋めに、ずっと犬のぬいぐるみやロボットの犬、ビーニー・ベイビーズのぬいぐるみの犬などを数えきれないほど持っていた。小学校二年生のとき、両親からサプライズプレゼントでハコガメをもらった。わたしはカメのシェリーを庭で歩かせ、母のギボウシの脇に大きな穴を掘るのを観察し、エサをあげ、水浴びをさせ、甲羅から顔を出したときは赤い斑点のついた頭を撫でた。だがシェリーをどれだけ犬のように扱っても、犬の玩具をどれだけたくさん集めても、子犬を飼いたいという思いは消えなかった。

嬉しいことに、十歳のときに医師から犬を飼ってもよいという許可が下りた。わたしはすぐに子犬について調べはじめ、犬を飼うべきだと両親を説き伏せるための文章を書いた。もう何年も待っていたのだ。なんとしても両親をその気にさせなくてはならない。その文章を読んで聞かせてからまもなく、わが家は新しい家族を迎えいれた。やんちゃなボクサーのメスの子犬で、リグリーと名づけられた。

犬と暮らすのは魔法のような経験だ。この小さな、もぞもぞ動き、よだれを垂らす生き物は家族に加わり、すぐになついた。リグリーの知能に、家族はみな感嘆した。リグリーはふたりの姉が大学に戻るために家を出るときのパターンに気づいた。ひとりが地階から階段を上がってくると、リグリーは出かけるまでそばを離れない。荷物を詰めているときにスーツケースの上に横になっていることもあった。出発してしまうと、リグリーは一日中姉たちのベッドで丸くなって眠っていた。それはまるで、ふたりがしばらくは戻ってこないことを確認する儀式のようだった。

リグリーはまた、「カウチは犬厳禁」というルールをいつも守っているのが母だけだということも知っていた。父とわたしたちが家にいるときは、リグリーは自由にカウチに乗って寝そべっていた。ところが母の車が停まる音が聞こえると、リグリーはそっと姿を消し、何事もなかったかのようにベッドで横になるのだ。わたしたちはみんなで笑ってその秘密を楽しんでいた。姉たちとわたしは母が上の階やべつの部屋にいるとき、リグリーをカウチに誘うのが好きだった。クッションを叩いて、呼び寄せるのだ。「おいで、ほら、ここよ」リグリーは注意深く何度かあたりを見回してから、ようやく危険はないと判断した。

リグリーはいつも裏庭で遊んだりひなたぼっこをしたりしたがった。テレビを観ていると、前に立ちふさがって、外へ出すまで哀れな声で鳴いた。オジーとトゥルーマンのように外へ出たいときに鳴らすチャイムがあったら、きっとひっきりなしにその音を聞くことになっただろう。毎晩の散歩ではかなり興奮していた。母がヘッドフォンを持ち、テニスシューズを履くとすぐに、リグリーは元気よく廊下にかけてあるリードのところへ走っていった。ようやく母に散歩に行こうかと声をかけられると、リグリーは体を興奮で震わせ、出かけるまで鳴きつづけた。とても感情豊かで賢い犬だった。

二匹のゴールデンドゥードルを預かる数か月前に、リグリーは亡くなった。そのあとイリノイ州オーロラの両親の家には一、二度しか帰っていないが、ずいぶん雰囲気が変わっていた。十三年以上も、玄関から入っていくとリグリーが挨拶のキスをしてくれ、ベッドで体を寄せ、口に玩具をくわえて家中を走りまわるのに慣れていた。いなくなってしまった家の静けさを感じ、そのときはじめて、家族のなかでリグリーがどれほど大きな役割を果たしていたかに気づいた。

ジェイクとわたし、ゴールデンドゥードル二匹は家に戻ると、みんなでカウチにすわってのんびりしようとした。

そのとき、トゥルーマンがカウチから飛びおりて、リビングルームの真ん中に立った。「どうしたの、トゥルーマン？」トゥルーマンは鳴いている。まるでおびえた子供のようだ。「うーん、水がなくなったのかしら」トゥルーマンはキッチンまでわたしについてきた。「ちがう、水はまだあるわ。いま外へ出ていたんだから、トイレでもない。朝食は全部食べたから、お腹も空いていないはず」

落ち着かないのには何か理由があるはずだ。何を思い、何を伝えようとしているのだろう？　ここにはない玩具で欲しいものがあるのだろうか？　自分の家に帰りたいのだろうか？　ストレスがたまっているのだろうか？

トゥルーマンは鳴きつづけた。**家族が恋しいの？**　同じ目線の高さになるようにしゃがみ、顔を撫でながら目を見つめた。「どうしたのよ」トゥルーマンとわたしはリビングルームに戻った。「訳がわからないわ。なんでもなければいいけど」とジェイクに言った。

わたしはトゥルーマンに同情した。言いたいことがあるのに理解してもらえないのは、とてももどかしいものだ。

「問題ないよ。きっと遊びたいだけだろう」ジェイクはカウチを離れ、トゥルーマンを追いかけて階段を上って、やがて降りてきた。すぐにジェイクとオジー、トゥルーマンはリビングルームとキッチン、廊下、ダイニングルームをぐるぐる駆けまわりはじめた。ジェイクが角を曲がるたびに、犬たちは硬材の床を滑るように逃げていく。わたしは巻きこまれないところで楽しんで見ていたが、まだすっきりしないものがあった。ジェイクがうまく気を逸らしたけれど、トゥルーマンが本当は何を求めていたのかはわからないままだ。

翌朝、ジェイクとわたしはパンケーキを作っているあいだ、犬たちを裏庭に放した。

「ここは犬にとって最高の家だよね」わたしは言った。

「どういうこと？」

「フェンスで囲まれた庭や泥を落とせる裏口があって、広さも十分。まさに完璧」わたしが引っ越してくるまえ、ジェイクはここで友人ふたりと暮らしていた。友人たちは犬を飼おうと二年もずっと言いつづけていたが、彼は認めなかったという話を聞いていた。何気なくその話題を出し、いまは犬を飼うことについてどう思っているのか探りたかった。

「そうだね！　犬を預かるのにぴったりだ」

「そうよ……」わたしは少し間を置いてから言った。「ここでわたしたちの犬を飼いたいと思わない？」

ジェイクは苦笑いした。最初は友人、今度はガールフレンド。この問いからは逃れられないらしい。「楽しいだろうけど、考えなきゃならないことがたくさんある。世話するのは大変だし、お金もかかる。旅行にも行きづらくなるし」と彼は言った。わたしはがっかりした。ジェイクはわたしの気分が急に変わったことに気づいた。「きっといつかは飼えるよ。まだ一緒に暮らしはじめたばかりだから、もう少し時間が欲しいな」

この会話で、わたしは犬をもう一度飼いたいという自分の気持ちに気がついた。ジェイクの完全に理性的な答えにこれほど心を乱されるとは思ってもいなかった。議論をする気はなかったが、これでこの話を終わらせるつもりもなかった。しばらくして、ちがう方向から攻めてみた。

「じゃあたとえば、いつか仮に、という話だけど、一緒に暮らすとしたらどんな犬だと思う？」

「活動的で、でも大きすぎない。オジーとトゥルーマンはこの家にはでかすぎる気がするんだ。マンディの家にはぴったりだけどね」マンディの家は天井が高く、たしかに彼らにはぴったりだ。

アニマルシェルターから、体重十五キロから二十キロくらいのやんちゃな犬を引きとることを想像した。暮らす家を必要とする犬はとても多いので、その一匹を助けたかった。姉たちは最初の犬をアニマルシェルターから引きとり、ふたりともすばらしい経験をしていた。

ジェイクがパンケーキをダイニングルームに運んできた。

「いいことを思いついた。ネブラスカ州動物愛護協会のホームページで、どんな犬がいるか見てみましょうよ」

ジェイクは笑った。「クリスティーナ、まだ飼おうとしてないのに、どうしてそんなことをするんだい」

「見るだけでも楽しいじゃない。犬の写真を見て、好きな犬を確認する。何も悪いことはないでしょ」ジェイクが答えるまえに、二階からノートパソコンを持ってきた。ジェイクはろくにその画面を見ずに朝食を食べていたが、ショッピングカートに六、七匹の茶色いラブラドールの子犬が寄り添って乗っている画像に目を奪われた。

「なんてかわいい子犬だろう。クリスティーナ、ほら!」ジェイクはわたしのノートパソコンをつかみ、子犬の顔を拡大した。これはどういうこと? ジェイクは現実主義者だと思っていたのに。

「うん、すごくかわいいよね。でも子犬は飼えないわ」とわたしは言った。

「どうして? いちばんいい時期を逃すことになるじゃないか。それに、このかわいい顔には逆らえないよ」ジェイクはさらに画面を拡大した。

「子犬は手間がかかるし」

ジェイクがカービーを飼いはじめたのはまだ四歳のときだった。リグリーがわが家に来たとき、わたしはもう少し年上だった。トイレのトレーニングが大変だったことや、家に犬を置いて出かけるのは二時間が限度だということ、はじめの数週間は父が犬小屋で添い寝していたこと、何か月もずっとリグリーから目を離せなかったことを覚えていた。

「とてもそんなことができるとは思えない」とわたしは言った。「大人の犬をもうちょっと探してみましょうよ」ページをスクロールしていくと、ジェイクは子犬が出てくるたびに指さし、わたしは成犬を探しつづけた。

その日の午後は、二階でわたしの荷物を片づけて過ごした。来週わたしの両親が泊まりにくるため、それまでに家の整理を終わらせておきたかった。作業のあいだ、ずっと下からチャイムの音が聞こえていた。リビングルームに降りると、オジーはチャイムの横でわたしを見つめていた。散歩に連れていこうとしても、オジーは外へ出たがらず、また玄関に歩いていってチャイムを鳴らした。この訳のわからないゲームを二、三度したあと、わたしは水の容器が空《から》になっていることに気づいた。「あら、お水が欲しいの?」オジーは唇をなめ、容器のほうへ走っていった。そしてトゥルーマンと交代で長いこと水を飲んだ。

チャイムを鳴らすのは外へ行きたいという意味だとばかり思っていたが、オジーは何かを求めているときにいつもそれを鳴らすようだ。なんにでもチャイムを使うのは、それが唯一の選択肢だからではないだろうか。これは興味深い。わたしは、オジーとトゥルーマンが週末に伝えようとした、あらゆる可能性に思いをめぐらせた。**お腹が空いているとか、水が欲しい、あるいは遊びたい、と知らせるためにチャイムを鳴らしたのだとしたら? 撫でてほしいとか、連れていってほしい場所があるのだとしたら? チャイムがひとつしかなかったら、求めているのはべつの何かだと知ることはできない。**だが、わたしの意識はすぐに、服をクローゼットに収めるというやりかけの作業に戻った。

その晩、マンディがオジーとトゥルーマンを引きとっていったあと、ジェイクとわたしは黙ってサンルームにすわっていた。父はよく、いったん犬を飼いはじめたら、犬のいない生活には戻れないと言っていた。犬の無条件の愛や遊び心、犬とのつきあいに慣れてしまうと、そばに犬がいないとあまりに退屈で、物足りなく感じるようになる。リグリーが家に来たときには、たった数日でそう感じたことを覚えている。十年も犬のいない生活をしてきたのに、もう一度その生活をすることなど想像もつかなかった。玄関から入っていっても挨拶してもらえない生活なんてできるだろうか。裏庭でひとりで遊ばなくてはならないなんて。リグリーが来るまえは、みんなどうしていたんだろう？　ジェイクが飼っていたのは外で過ごす犬だったから、家のなかで一緒に暮らしていた犬がいなくなり、空っぽになった家を経験するのははじめてだった。

「さあどうしようか」とジェイクが言った。「あの二匹がいないとどうも落ち着かないな」

「いい案がある」わたしは笑顔で答えた。「もっとほかの犬を探してみればいい」

第三章　チョコレート色の子犬

オジーとトゥルーマンが帰っていった晩、ジェイクは犬探しをすることに賛成した。わたしはそれから二日、空き時間のほとんどすべてを使ってネブラスカ州、アイオワ州、イリノイ州、カンザス州で里親を募集している犬のリストをパソコンや携帯電話のペット検索アプリで探した。理想の犬はどこにいるかわからない。距離を限定することでその犬に会えなくなるのは避けたかった。一時間ほどの距離にあるアニマルシェルターにいるコルトという一歳の雑種犬を見たとき、スクロールする指が止まった。きちんと訓練されているがまだ若く、どの写真も笑顔だ。

アニマルシェルターからの質問にはすべてたやすく、自信を持って答えられた。ジェイクとわたしは犬の飼い主に求められる基準をすべて満たしていた。確実な財政基盤、子供のころ犬と過ごした経験、フェンスつきの広い裏庭、活動的なライフスタイル、室内の豊富な空間、オジーとトゥルーマンを世話した経験と、マンディの連絡先。回答欄を埋めるのにかかったのはおそらく二十分ほどだったが、ジェイクとわたしは一時間以上サンルームのふたりがけソファにすわり、犬のいる生活を想像して楽しんだ。

ひとつだけ困ったのは最後の質問だった。「どのような状況になったら、犬を手放すことを検討しますか？」ありうるのは、将来子供ができて、犬が子供に悪さをするということくらいだ。でも、そんなことを書く必要があるだろうか。まあ、できるだけ正直に書いておいて、悪いことはないだろう。答えを書き、提出のボタンを押して、ベッドに向かった。眠りに落ちながら思った。**今夜が犬を飼うという物語の始まりなのかもしれない。**シェルターからの返信やその後の出来事が待ちきれなかった。


翌朝目がさめると、すでに受信トレイに返信が来ていた。里親募集の担当者は何も問題なさそうだと書いていた。里親を決める会議で正式に話しあう必要があるため、週末に訪ねてきてもらうが、そのスケジュールは追って連絡するという。

その週は、もうコルトが自分のものになったつもりでいた。家に連れてくることになんの疑いも抱《いだ》いていなかった。両親に電話してこの楽しみな計画について話し、ベッドや食器を置く場所についてジェイクと意見を出しあい、友人たちにはひっきりなしにコルトのことを話した。ところが金曜の夜、わたしは不安になった。アニマルシェルターから訪問のスケジュールについて連絡が来ていない。**もうどこかに引き取られてしまったのかな？**

翌日両親が着いたとき、もう一度連絡をとってみたが、アニマルシェルターから返信はなかった。ようやく日曜の午前、四人でブランチに出かけようとしていたときに、メールが来て携帯電話のスクリーンが点滅した。母と父、ジェイクがわたしのまわりを囲んだ。わたしはメールを読みあげた。

心配なのは、子育てを始めたときに犬を手放す可能性があるという点です。犬がシェルターに捨てられる理由でよくあるのが、しつけやかまってやる時間がなく、家族が犬の世話をすることができないということと、新しい家族との関係なのです。今回は承諾を見送らせていただきますが、関心をお持ちいただきありがとうございます。

わたしは打ちのめされた。これは誤解だ。すぐにシェルターに返信し、どうしてあのように書いたのかを伝えた。もし犬が目にあまる攻撃性を示し、子供にとって危険な場合には、手放すことを検討しないとは言いきれない。実際にそうなると考えたわけではなく、ただ包み隠さず書いただけなのです、と。

その日はずっと、すべてが陰鬱だった。空からは雨が降り、レストランではブランチに二時間近く待たされ、アニマルシェルターからは返信がなく、ジェイクとわたしがちょっとでも興味を抱いた犬はすでに里親が決まっていた。こんなときは、何をやってもうまくいきそうにない。

　その日の晩、両親とジェイク、わたしは家にいったん戻り、予約したディナーに出かけるために着替えていた。この週末の犬探しはもうここまでにするとわたしは宣言した。ネブラスカ州の一歳から四歳までの里親希望の犬は、すでに調べ尽くしていたはずだった。両親がここで過ごす残りの時間を楽しみ、行き詰まった犬探しから気持ちを逸らせたかった。まだ適切な時期ではないのかもしれない。

　父に話しかけてみたが、気づかずに携帯電話を見つめていた。

「お父さん？」

「これを見てくれ」父はにやりとして言った。そしてわたしに携帯電話を渡してどこかへ歩いていった。ジェイクとわたしは訳がわからずに目を見交わし、画面に視線を落とした。四匹のかわいらしい子犬が身を寄せあい、青い桶の縁につかまっている。そのうち三匹は斑点があるが、真ん中の一匹は胸が鮮やかな白で、全身はなめらかなチョコレート色だった。一匹だけ際だって目立っている。

「こんなかわいい子犬は見たことない」とわたしは言った。「お母さん、ちょっと見にきて」

　ジェイクはわたしの手から携帯電話を取った。「場所はどこなんですか？　どこに載っている写真なんですか？」

「クレイグスリスト（インターネット上のコミュニティサイト）だよ。オマハの犬を検索したら出てきた」戻ってきた父が答えた。

見出しには、「カタフーラ／ヒーラー（牧羊犬）。オス一匹、メス三匹」と書かれている。子犬たちの写真が四枚、その両親の写真が二枚ある。それ以外には、電話番号しか載っていない。値段も、犬の特徴も、そのほか何もない。

電話してみた。この週末はずっとそうだったように、きっと電話がつながらないか、もう里親が決まってしまったと知らされるのだろうと思った。爪を噛みながらリビングルームをうろうろしていると、四コールめで女性が出た。女性が飼っているカタフーラ・レパード・ドッグと弟のブルー・ヒーラーのあいだにできた子犬らしい。三匹のメスはまだ引取先が決まっておらず、夕食のあとで近所のハイヴィ（スーパーマーケット）の駐車場まで連れてきて会わせてくれるという。その日の残念な気持ちは全部吹き飛んだ。

お気に入りのレストラン、スターネラでのディナーの時間はずっと、子犬の写真を見たり、「カタフーラ」や「ブルー・ヒーラー」、「カタフーラ、ブルー・ヒーラー」、「ミックス」といった言葉を検索したりして過ごした。カタフーラ・レパード・ドッグはルイジアナ州の州犬で、「知的で活動的、独立性があり、好奇心旺盛、愛らしく優しい」[1]。被毛は通常、斑点があるが、「レッド・カタフーラ」という種類だけは茶色っぽい赤色だ。クレイグスリストの写真からして、母親はレッド・カタフーラかもしれない。オーストラリアン・キャトル・ドッグという別名を持つブルー・ヒーラーは「知的で活動的、機敏、才覚があり、人を守り、勤勉」[2]だ。ジェイクとわたしは子犬に会えることに興奮しつつ、理性的に行動することにした。想像してきたのは成犬を飼う暮らしで、子犬を育てることではなかった。責任を持ち、ちゃんとやっていけるかどうか確認してから決断したかった。今夜子犬と会い、気に入ったらひと晩考えて、翌日は休みをとって家の準備をして連れて帰ろうとふたりで決めた。ディナーのあと、わたしたち四人は三月の雨で濡れないように車へ走っていった。

「はっきりさせておくけど、今日は子犬を連れて帰らないからね。今日は会うだけで、引き取るかどうか決めるのはそのあと」とわたしは言った。「みんなそのことは理解しておいてね」

後部座席の父が笑った。「わたしがいつも言っていること、知ってるだろ、クリスティーナ。子犬に会って、それだけでおしまいなんて、誰にもできないさ」ルームミラーを覗くと、母は窓の外に顔を向け、にやけた顔を手で隠そうとしていた。これから特別なことが起こるのだと、もうわかっているようだった。

「さあ着いた」建物の正面にかかったハイヴィの巨大な赤い看板が、霧のかかった暗い駐車場を照らしていた。わたしは角のスペースに車を停めて待った。数分後、一台の車が現れてすぐ後ろに停まった。ジェイクはわたしの手を握り、微笑んだ。四人で窓の外を見た。

明るい青のスウェットシャツを着た黒っぽい髪の女性が三匹の子犬を抱《かか》えて車を降りてきた。わたしたちも車を降りた。

女性はチョコレート色の子犬を母に、黄褐色と白の斑《ぶち》をわたしに、斑点のある茶色をジェイクに預けた。

「あらら、腕から逃げてしまいそう」と母は言った。チョコレート色の子犬は母の胸からわたしの胸に飛び乗った。そしてわたしの顔を何度もなめた。

わたしは笑った。かわいらしく小さな生き物を見下ろした。なぜはじめて会う人に抱えられてこんなに興奮しているんだろう？　まるでわたしのところに着地した喜びで踊っているようだ。でもこの子もわたしと同じように感じているのかもしれない。初対面というより、懐かしい友人に再会したような感覚がある。

「ジェイク、見て。この子あなたのところに行こうとしてる」チョコレート色の子犬はもう一度わたしの顔をなめ、ジェイクの腕に飛び乗った。

ジェイクはその金色の目を見下ろした。「すごく幸せな女の子だね」

ジェイクとわたしはこの小さなチョコレート色の子犬とあっという間に絆《きずな》で結ばれていた。子犬は喜んでしっぽを振りながらわたしたちのあいだを飛び跳ねて往復した。ほかの子犬やわたしの両親、飼い主のことなど気にもとめていない。ただわたしたちの顔を見つめ、三人だけの世界に入っていた。だが、これからどうするかを決めなければならないことに気づいて、わたしたちは我にかえった。

「この子が大好き」わたしはジェイクに言った。「どう思う？」

「ぼくも大好きだ。計画どおりにしよう。明日、気持ちが変わっていなかったらこの子を引き取る」

わたしは子犬の頭にキスをして、心配いらないよとささやき、飼い主に戻した。子犬はわたしたちが帰ろうとしていると気づき、しょげた目をした。前足をこちらに伸ばした。飼い主が車に戻るあいだも、ずっとわたしたちを見ていた。心が沈んだ。「もう見ていられない！」振りかえって、車に乗りこんだ。なぜ今日は連れて帰らないことに決めたのだろう？　完全にぴったりの子犬なのに、飼い主のところへ帰さなくてはならないなんて。

「コルトのことがうまくいかなかったのは、これが理由だったんだと思う」わたしは両親とジェイクのほうを向いて言った。「あの子しかいないから」

車に乗っているあいだ、小さな茶色い子犬のことをジェイクと話しつづけた。すぐにでもひざの上に乗せたかった。大きな空っぽの家に戻ると、明日わたしたちが引き取りに行くまでに誰かがあの子に会い、連れていってしまったらどうしようとパニックになった。とてもひと晩も耐えられそうにない。

「しつけや育てるのがどんなに大変でもかまわない。あの子を引き取りたいし、きっとうまくやっていけると思う」

ジェイクは彼の両親に電話をかけ、子犬を引き取ることについて相談した。その会話で、ますます決意は固まった。電話が終わると、ジェイクは言った。「今晩引き取りに行こう！」

父と母は祝福してくれた。わたしは慌てて飼い主にメールを送り、これから引き取ってもかまわないかと尋ねた。もう夜九時を過ぎていたので、返信が来るか、それとも朝まで待たなくてはならないかわからなかった。四人でわたしの携帯電話を見つめながらコーヒーテーブルを囲んだ。ふいに画面が明るくなった。それはアニマルシェルターからだった。べつの犬を引き取ると決めたまさにそのときに届いた返信は、わたしの申込みを再検討し、こちらが望むなら手続きを進めてもよいという内容だった。それでもジェイクとわたしの気持ちは変わらなかった。もうあの小さなチョコレート色の子犬で心は固まっていた。

それから数分もしないうちに、飼い主から引き取りに来てもいいと返信が来た。全員でまた車に乗りこんだ。今回は、ハイヴィの駐車場に入ると雨はやんでいて、飼い主は車の外でわたしたちの女の子を抱えて待っていた。子犬はわたしを見るとすぐにしっぽを振り、こちらに前足を伸ばした。「ほーら、言ったでしょ。心配いらないって」わたしは子犬の耳元でささやいた。「これから一緒に家に帰るからね」

父が店に入って犬のベッドとエサ、玩具を買っているあいだ、ジェイクとわたしは子犬をずっと抱きしめていた。

「名前のことは考えてあるの？」と母が尋ねた。

「ステラはどう？」とジェイクが言った。

「完璧」とわたしは言った。「ステラ・ガール。わたしたちの小さな星。大好きよ」

新しい家族を迎え、わたしは幸せの絶頂だった。わたしたちは責任を持ってこの子を育て、深く知り、愛さなくてはならない。

第四章　コミュニケーションはどこにでもある

翌々日の職場で、わたしは床にすわり、金髪の二歳の女の子と交互にブロックを積みあげながら、その子の言語がどれくらい発達しているかを確認し、母親と話をした。よちよち歩きの子供は、言葉を話しはじめるまえに数多くの言語上の節目を超えていく。言葉を話すことは言語による表現のひとつの形態にすぎない。自分の子供がすでにできているスキルや、言葉以外のさまざまな方法で意思を伝えていること、発達においてつぎにどの節目を目指せばよいかを知ることで、両親の不安は和らげられる。この母親の子供はまだ話しはじめてはいないが、一緒に過ごしたこの一時間で、言語スキルについてかなりのことがわかっていた。

「評価の数値を出し、報告書を書くときにもっと詳しくお話ししますが、今日はとてもたくさんのことがわかったということだけでもお伝えしておきたいんです」とわたしは言った。「お子さんはこの新しい玩具を試し、わたしとの遊びに参加し、いくつかの活動のあいだにアイコンタクトやジェスチャーをしていました。これらはみな、言語を習得するためにとても重要な能力ですから、多くの点で正しい道を歩んでいるといえます。何かお聞きになりたいことはありますか？」

母親は深く息をした。「いま知りたいのは、いつあの子が話すのかということだけ」

言語聴覚士として現場で働きはじめてまだ一年足らずだが、言葉の遅れた子供を評価するときにいちばんよく聞かれるのがこの質問だった。最初はとまどった。正確にいつということは言えないと、どうすれば伝えられるのかわからなかった。だが、子供たちが言葉を話すことにどれくらい近づいているかを示す目安はたくさんあった。わたしはセッションの合間にかなりの時間をさいて答える練習をした。現実に即した回答で、なおかつ不安を取りのぞきたかった。また介助の必要性について真摯《しんし》に向きあいつつ、子供の持つ潜在能力には楽天的でありたかった。

「正確な予測をお伝えすることはできないんです。でもありがたいことに、少しずつ進む言語発達の途中にはいくつもの節目があって、花がいつ咲くかを予測するのと似ています。茎が地面からまだ出ていなかったら、しばらく花は咲きません。花が咲くまえにどんな段階を経るかはわかっています。茎の先に閉じたつぼみがついていたら、まもなく花が開くためにきちんと準備が整っている。評価結果を確認するときに、お子さんが発達のどの段階にいるか、そして言葉を話せそうだと判断するには、どんな段階を経なければならないかを詳しくお伝えします」

次回の予約をするために親子を受付まで案内すると、わたしは急いで机に置いていたキーをつかんだ。ステラとの最初の一日だった昨日は、ジェイクが仕事を休んで家にいた。今日一日かけて、たがいの仕事の合間にステラを数時間おきに散歩させる方法を考えた。今日の最後の予定は午後七時三十分までで、ジェイクは普段どおりの八時間勤務だった。そこで彼は早く仕事を終わらせるために朝早く出勤し、時間をずらしたランチのあいだにそれぞれ帰宅した。ステラを飼うまえは、人より勤務時間帯が遅いことがいつも不満だった。でもいまは、ふたりの時間のずれを利用してステラの世話という問題が解決できることに感謝していた。


家に帰り、寝室の扉を開けると、ステラは犬小屋のなかでまっすぐに立ち、そこから出してもらうのを待っていた。「ステラ・ガール、元気だった？」ステラはさかんにしっぽを振った。飛び跳ねてきてわたしの顔を何度もなめ、ひざの上に落ちた。「うん、わたしも会いたかったよ」片手でステラのお腹を撫で、反対の手で犬小屋の敷物を触った。**あら。**まるで濡れていない。午前中はずっと、はじめて家を空けたときにステラがどういう行動をとるか心配だった。

「まあステラ、いい子だったね！　さあ散歩に行きましょ」わたしはステラを抱えて階段を降りた。「お散歩お散歩、さあ散歩に行きましょうね」わたしはステラがそれを覚えて反応できるように、重要な言葉を繰りかえした。かつて、「リグリー、散歩に行きたい？」と尋ねると、リグリーはトイレに行きたいか遊びたいときは裏口に走っていった。何度も繰りかえせば、ステラは「散歩」という言葉と裏庭へ出ることを結びつけられるはずだ。ステラが芝生でしゃがんでおしっこをすると、敷物が濡れていなかったと気づいたときよりも大げさに褒めた。「すごいわ、ステラ！」ステラの耳の後ろを撫で、額にキスをした。「さあ、なかに入りましょう」

生後八週間のステラが、地図のない土地にはじめて足を踏みいれた探検家のように家のなかを探索するのを眺めているのは楽しかった。自分が歩いた場所のにおいをくまなく嗅ぎ、玩具に出合うたびにくわえては放し、聞いたことのない音が聞こえるたびにそっちに走っていく。ステラは周囲のあらゆるものに夢中になった。食器に駆けより、水入れをつついた。「あら、水が欲しいの？　もっと水を入れましょうね、ステラ」ここで暮らしてまだ二日なのに、ステラはもうそれぞれの容器の用途を理解していた。水入れをつつくというジェスチャーまでして、もっと水が欲しいということをわたしに伝えた。意思疎通をしていることはすでに明白だった。「教えてくれてありがとう。はいどうぞ」ステラはわたしが手を引っこめるまえに水を飲みはじめた。

非言語的コミュニケーションは言語の発達において重要な役割を担っている。言葉を話すまでの過程で重要な節目であるだけでなく、子供が使うジェスチャーの種類の多さと、その後獲得する表出語彙《ごい》のあいだには相関関係があることが研究により示されている。[3] これはつまり、子供は言葉を使って話す以前に、すでにその概念を意味するジェスチャーを使っているということだ。たとえば、高く抱えてほしいときに「上」という言葉を話す子供は、その言葉を実際に口にするまえに、その気持ちを表現するために自分の腕を高く上げるなどのジェスチャーをしていることが多い。

「さあステラ、またおやすみの時間よ」とわたしは言った。「ジェイクが二時間くらいで帰ってきて遊んでくれるから。約束する」ステラは犬小屋のなかに入り、わたしが投げいれたご褒美のにおいを嗅いだ。わたしは扉を閉め、ステラのために編集した心地よい音楽を再生した。わたしたちが外出しているあいだ、孤独を感じてほしくなかった。「バイバイ、ステラ。好きだよ」ステラはドアを出ていくわたしを見ていた。置いていくのはつらかった。

職場に戻り、書きあげた幼児の言語能力評価を見返していたとき、ふと思いついた。**生後八週間でもうジェスチャーをしているなら、ステラにはほかにも人間の幼児と同じようなコミュニケーション能力があるかもしれない。**わたしは「交流」「語用論」「遊び」「言語理解」「言語表現」といった項目の、前言語的な段階の能力を調べてみた。ページを繰っていくとすぐに、どの項目にもステラとの共通点があることに気づいた。ステラと暮らしてたった二日で、わたしはつぎのような節目に気づいていた。[4]

- 声を上げて注意を引く――ステラはとくに夜、ジェイクとわたしに向かって声を上げる。
- 声のしたほうへ顔を向ける――ジェイクとわたしが話しかけると、ステラは振りかえってこちらを見る。
- 食べものを期待する――わたしたちがドッグフードの棚に歩いていくと、ステラは容器の横でエサを待っている。
- 視線を合わせつづける――ステラは遊んだり、話をしたりしているときに目を合わせる。
- 大人と交わろうとする――ステラはかまってもらうために、わたしたちの足元に玩具を落としたり、鳴いたり吠えたりする。
- 「おいで」という呼びかけに反応する――脚を叩いたりしゃがんで目線の高さを同じにすると、ステラはこちらに駆けてくる。
- 人と一緒にいたいという気持ちを表す――ステラはあとをどこへでもついてくる。騒音で驚いたときは、わたしのひざに乗る。
- 注意を引くために声を出す――ステラは吠えたり鳴いたりして注意を引く。
- 話し手を探す――ジェイクとわたしがほかの部屋で話していると、探しにくる。

・保護者とものを取ってくる遊びをする——面白いことに、幼児がはじめて学ぶ遊びのひとつが、ボールのあとを追いかけ、それを親のところへ持っていくゲームだ。ステラも同じ遊びをしていた。遊びの時間の半分ほどは、ボールを追いかけて取ってきて過ごした。

・玩具を試す——ステラは用意された玩具をすべて試した。どれが自分のもので、どれがそうでないかを覚えている。

・行動を要求するためのジェスチャー——ステラはお腹を撫でてもらうために寝ころがる。水の容器を前足でつつき、水を注《そそ》いでほしいと伝える。

こうした些細な行動はどれも、子供の言語発達の指標だ。ステラはここに挙げたすべてのほかに、さらにべつの行動もしていた。それを見て思わず考えた。**ステラには言語を学び、使う能力がどれくらいあるのだろう？**

その日、仕事を終えて帰宅すると、ステラはジェイクと犬はしゃぎで遊んでいた。ジェイクはキーキーと音の鳴るピンク色のプラスティックボールを握り、リビングルームの壁に軽く放った。ステラはその高い音を聞くと、押さえていたテニスシューズのことは忘れ、ボールを追いかけた。

「いい子ね、ステラ！　自分の玩具で遊んで偉いわ」わたしは言った。

ステラはボールを二、三度鳴らしたが、エンドテーブルの脇に鉢植えのアイビーがあるのを見つけるとそれを落とした。鉢のほうへ走っていき、前足で蔓《つる》を触った。

「ステラ、ノー」わたしはきっぱりと言った。ステラは植物を触るのをやめ、わたしを見た。

「いい子ね！　自分の玩具で遊びなさい」わたしはボールをステラの正面に転がし、鉢から離れさせた。ステラはボールに興味をひかれ、それを口にくわえたまま部屋中を走りまわった。

「そうよ、いい子ね、ステラ。ステラはいい子」

ジェイクは感心した。わたしは何が自分のもので、何がそうでないかをステラに教えるために、ステラが自分の玩具で遊ぶたびに褒めた。植物や靴、クッションなどに近づいたときは「ノー」と言い、その代わりに遊んでいいものへと意識を向けさせる。自分の玩具を選ぶことができたときには喜んでみせる。わたしは幼児の言語能力評価のことを思いだした。理解力を測る基準のひとつは、「『ノー』と言われたうち半数に反応を示す」ことだ[5]。うちで暮らしはじめて二日で、ステラは「ノー」という言葉に反応するようになっていた。わたしは心のなかで回数を数えはじめた。

ステラが階段のほうへ向かったので、ジェイクとわたしは後ろからついていった。右の前足を最初の段に置き、しっかりと体重をかけた。それから左の前足を数秒さまよわせたあとすぐ床に戻した。振りかえってわたしを見て、また階段に向き直って鳴いた。

わたしはその行動の意味を読みとり、ステラを抱えて階段を上った。階段を上がるには手助けが必要だと知らせるために、こちらを見てわたしに階段を意識させたのだ。しかも、ジェスチャーに鳴き声による発声を組み合わせていた。これは「共同注意」というスキルで、言葉を話すまえの子供もこうしたコミュニケーションを行う。セッションの記録でも、毎日のようにその言葉を書いている。

共同注意はコミュニケーションの大きな構成要素で、ふたりが同じものや活動を意識していることを表している。ひとりが言語で、または非言語的にそのものへの注意を引き、もうひとりがそれを見ることで応答する。誰かに「ねえ、これを見て」と言って指さすというのは共同注意の一例だ。こうして注意を分かちあう能力を発達させるとき、幼児はまず目線を合わせるか、その他のジェスチャーで意思を伝える。それからジェスチャーと発声を組み合わせ、意識を向けさせるために言葉を発する。[6] ステラはいま、ジェスチャーと発声を組み合わせていた。これは最初に言葉を話すまえに典型的に見られる現象だ。

その晩はさらに、ステラがさまざまな場面で共同注意に加わっていることに気づいた。階段での一度だけではなかった。たえず視線と発声でわたしやジェイクに自分の求めているものや、遊びにどう参加してほしいかを伝えていた。カウチに一緒にすわっているとき、ステラは玩具を床に落とした。そして玩具を見下ろしてからわたしを見ることで、それを拾ってほしいのだと伝えた。

「遊んでほしいの？」わたしはステラの玩具を床から拾い、ステラのほうに軽く投げた。ステラは何度かそれを噛み、また同じ場所に落としてわたしを見た。自分が考えたゲームをもう一度したかったのだ。「いないいないばあ」を覚えたとき、赤ん坊が自分の目を何度も手で覆って繰りかえそうとするのと同じだ。さらにもう一度同じことをしたので、わたしはステラに対して子供と同じように接することにした。

文ではなく、単語ひとつずつを使って話しかけた。子供が言語を学んでいるときに重要なのは、現在の表現能力を少し上回るレベルで話しかけることだ。話しはじめるまえに子供が玩具に手を伸ばしているときは「欲しい」、もう一度玩具を使おうとしているときは「もっと」、片づけのときは「おしまい」と言う。子供がひとつの言葉を繰りかえしはじめたときは、「玩具、欲しい」「もっと、遊びたい」「遊び、おしまい」など、ふたつの言葉によるフレーズを使う、といったように。こうすれば、子供が文の複雑さに圧倒されないようにしつつ、つぎに目指すコミュニケーションの段階の手本を示すことができる。

ステラが玩具を落とし、わたしを見たときは毎回、「遊ぶ」と言ってからそれを渡した。わたしたちは一緒にゲームを作ることで関係を深めていった。わたしはステラを見て、声を聞き、ステラはわたしを見て、声を聞いた。ステラが玩具を落としても、わたしを見たり声を出したりしなかったときは、玩具を拾わなかった。下を見たり鳴いたりして意思を伝えるまで、「遊ぶ」とは言わなかった。こうして、ステラの非言語的コミュニケーションに対応する言葉を添えていった。五分くらいそうやって遊んでいると、ステラはわたしが「遊ぶ」と言うたびにしっぽを振るようになった。その言葉を何度も聞き、わたしと玩具で遊んだことで、つぎに起こることを予測するようになった。「遊ぶ」という言葉とジェスチャーによるコミュニケーションを組み合わせ、一緒にゲームをすることで、ステラは「遊ぶ」という言葉の意味を理解しはじめていた。

見かたさえわかっていれば、コミュニケーションはどこにでもある。大学院に入ってまだ数日というときに受けた、AACの使用法に関する授業でのことだ。教授たちは言語療法のセッションを撮影したショートビデオを見せて、気づいたことを書きだすように学生に指示した。用紙が回収されるとき、わたしは慌てた。**何を見なきゃいけなかったの？　何を観察すべきだったの？**　わたしはまだ何もわかっていなかった。恥ずかしさを覚えながら、空白がかなり残っている紙を裏返して列の端へ回した。その学期の最終日に、教授たちはまた同じ動画を見せた。そして最初のときと同じく、気づいたことをすべて書きださせた。このときは、頭の働きに鉛筆が追いつかないくらいだった。登場する十代の少年と言語聴覚士のあいだで繰り広げられる豊かなコミュニケーションが見てとれた。教授たちは学期のはじめに書いた用紙を戻してくれたのだが、そのときまで初回の授業で見たのと同じ動画だということにすら気づかなかった。

初回の授業でわたしが箇条書きにした六つの項目のひとつは、「この少年はコミュニケーション・デバイスを使って話している」というものだった。最終日の授業では、わたしは用紙の欄をいっぱいに使って、少年のジェスチャーや言葉の選択、自立度、発声、コミュニケーションのさまざまな機能、彼の言葉への治療者の対応、言葉を促す戦略のうち成功したものや失敗したものについて書いた。話された言葉の意味をのみこむのにどれくらいの時間を要したか。気が散ってしまったときや集中できたとき。要求が簡単すぎたときやむずかしすぎたときについて。わたしはふたつのリストを見比べて驚いた。この五分間にはこれほど多くのことが詰めこまれていたのだ。動画は何も変わっていない。変わったのはわたしの意識のほうだ。

ステラの世話を始めた最初の数日は、大学院でのあの最終日のように感じられた。それまでたくさんの子犬と遊んだことがあったが、言語聴覚士になってからははじめてだった。ステラだけが、人間の言語発達に見られる節目と同じものを示したわけではない。知識を習得し、それを毎日の仕事で使っていたため、わたしの見かたが変わったのだ。ステラはすでにあふれるほどのコミュニケーションを行っていた。人間の子供なら、もうすぐ最初の言葉を発すると期待できるくらいに。だが、言語を発達させる能力がないステラは、これからどうなるのだろう？

さまざまな考えが渦巻いた。犬は言葉を理解できる。リグリーは家族全員の名前と、「散歩」「外」「チーズ」「ご褒美」「犬小屋」「遊ぶ」「玩具」といった言葉を、そして間違いなくほかにも数多くの言葉を認識していた。家族の誰かがその言葉を口にするのを聞くと、そちらを向いてしっぽを振り、適切な場所へ移動した。リグリーのように、多くの犬は「散歩」や「ご褒美」といった大好きな言葉をずっと待っている。生後二か月のステラはすでに、九か月の赤ん坊が最初の言葉を話すまえに示す前言語的なスキルの半分以上を示していた。テクノロジーの発達により、現在では口で話す以外にも言葉を話すさまざまな方法がある。電気機器のコミュニケーション・デバイスが使われるようになったのは一九六〇年代のことだった。ある病院のボランティアが、体の麻痺した患者が意思疎通を行う唯一の方法はベルを鳴らすことだと気づいた。そして、S字型のスイッチをくわえて息を吸ったり吐いたりすることで文字を打てるタイプライターを開発した。[7] 一九八〇年代には、口で言葉を話すことのできない、年齢も障害の程度もさまざまな人々が利用できる携帯可能な大型の音声出力装置が登場した。二〇一〇年には、アップルのiPadの登場により、AACの言語システムはアプリを購入すれば誰でも手に入れられるようになり、広く普及した。**ステラがいくつかの単語に触れることができたらどうなるだろう？AACのデバイスを使えるだろうか？**

その日は夜通し、ステラが鳴くたびにジェイクとわたしが交互に起きて外へ連れていった。ただ怖くてわたしたちと一緒にいたいのか、それともトイレに行きたいのかを判断することはできなかった。何かを伝えようとしているのだが、それがなんなのかわからなかった。

ステラを抱えあげて、「さあ、外へ行きましょ」と言い、階段を降りて裏庭に向かった。サンダルの下の芝生には霜が降りている。わたしは真っ暗闇のなかで震えていた。「さあステラ、トイレしておいで」

ステラはわたしの足元に立ち、顔を見上げている。ステラのほうも、なぜ真夜中に外にいるのかわからず混乱しているようだ。

「そうか、トイレじゃないのね。さあ、なかに戻りましょ」

一時間後、わたしたちはまた鳴き声に目を覚ました。「鳴きやむかもしれないから、しばらく様子を見ようよ」とわたしは言った。「また眠るかもしれないし」わたしが眠りに落ちた瞬間に、ジェイクがわたしを起こした。

「においがする」と彼は言った。「たぶんおしっこだ」ジェイクはベッドを飛びだし、照明をつけた。「やっぱり。タオルを替えてあげよう」

翌朝の職場で、同僚で友人のグレースのデスクに立ち寄った。同じ一年めの言語聴覚士で、ＡＡＣに熱心に取り組んでいるという共通点もあった。ふたりでＡＡＣの会議に出席し、休憩時間にはさまざまなデバイスを試すこともある。担当した子供全員が自分の気持ちを表現できるようになることを目指して頑張っている仲間だ。

「どうして犬はＡＡＣを使えないんだろ？」わたしは尋ねた。

「誰が使えないなんて言ったの？」

「いや、誰も言ってないかも。でもデバイスを使えば、数語くらいなら話すことができると思わない？　幼児の言語評価を読みなおしていて、ステラも同じことをたくさんしてると気づいたんだ」

「そうだよね。できないとは思えないな。調べてみたら、きっとどこかに実例があると思う」とグレースは言った。

わたしは同意した。犬のＡＡＣ利用に関する研究はたくさんあるから、効果的な方法もわかるだろう。近年では、複数の研究により犬が言語を理解することが確認されている。二〇一〇年にはジョン・ピリー名誉教授が飼い犬のボーダーコリー、チェイサーに千以上もの玩具の名前を覚えさせたという研究を発表した。[8] ピリー博士は子供が言葉の意味を覚える方法に関する情報を用いて犬に言葉を教えていった。べつの論文では、チェイサーは前置詞句や動詞、直接目的語を含む文を理解できるようになったと記述している。[9] チェイサーは単語だけでなく、それらが結びついたときに何を意味するかを理解していたのだ。

二〇一六年に行われたある調査では、多くの人の想像とは異なり、犬はただ人間の声の調子に反応しているだけではないことが証明された。犬は人間と同じように、言葉の意味とイントネーションをそれぞれ個別に理解している[10]。その調査を行った研究者のひとりはこう表現している。「犬は人が話した内容と言いかたの両方を、人間の脳と驚くほど似た方法で処理している[11]」

わたしはこれらの研究の結論から、つぎの一歩は犬に言葉を発する機会を与えることだと考えた。人に関しては、さまざまなタイプのAACの効果や適切な導入時期、効果をもたらす根拠、用いるべき言語促進の戦略、予測される効果などあらゆることが研究されている。わたしはその研究成果を犬に適用し、それをさらに押し進めたかった。

「犬　AAC　研究」「犬の言語療法」「犬　コミュニケーション・デバイス」「犬　言語使用」などで検索してみた。いちばん近いことをしていたのは、鳴いたり吠えたり、身振りをしている犬を、周囲の人が理解できるように言葉に翻訳するコミュニケーション・デバイスについて記述している企業だった。だがそれは、わたしが求めているものではなかった。それは人の顔の表情や身振りを読みとり、文に転換するようなものだ。自分自身の言葉を話し、個人的な考えを述べることとは大きく異なる。ステラはいつも言葉を聞き、それに反応している。だからそれを自分で話す機会をあげたかった。言葉を理解できるなら、それを使う方法も与えられるべきだ。

「ちがうなー」検索結果を四ページ読んでみたが、成果は得られなかった。「何かあると思ったんだけど。ステラはきっとデバイスを与えられれば、ちゃんとそれを使えるのに」

「あとでブレインストーミングをしてみようよ。AACにはいろんな種類のものがあるし」とグレースは言った。

翌日、グレースとわたしの空き時間が三十分重なったとき、犬がAACを使うというアイデアを再検討した。**どんなものならステラの体で扱えるだろう？　どんなものなら試しやすいだろう？**　このふたつが主な問題だった。グレースやわたしがよく子供たちと使っているような、アイコンが表示されたタブレットでは、小さすぎてステラが足先や鼻で押すことはできない。わたしたちは使用者がアイコンに視線を数秒間向けると、その言葉を発声する視線入力システムについて少し話しあった。だがそれはかなり高価で、しかもステラに画面がどう見えているのかもわからなかった。

障害が重く、体をあまり動かすことのできない子供だと、指で直接アイコンをタップするのではなく、スイッチ・スキャニングという方法をとることがある。コミュニケーション・デバイスのアイコンを選択するために接続された大型のボタンを押すものだ。使用者はそのボタンを押して画面上で異なるアイコンを示していき、目当てのアイコンのところで二度押しするか、もう一度別のボタンを押してそれを選択する。ボタンのアイデアは、個々の単語を発声するプログラムさえできれば有望そうだった。

「そうだ、ビッグマックはどう？」とグレースが言った。ビッグマックとは、ステープルズ社のイージー・ボタン（アメリカのオフィス用品小売企業ステープルズ社のCMに使われた小道具で、押すと「That was easy（簡単だったよ）」という音声が流れるボタン）によく似た押しボタンで、さまざまな音を録音し、ボタンを押すとそれを鳴らすことのできる音声出力装置だ。ビッグマックはひとつ百ドルほどするため、わたしはもっとコストパフォーマンスのよいものが見つかればと思って、「録音可能なAAC用ボタン」で検索してみた。「ねえ、見て」グレースが画面を指さした。

わたしは知育玩具の「録音可能アンサーブザー」のリンクをクリックした。四つの明るい色違いのボタンが一セットになっている。「これならかなり安い」とわたしは言った。

「試してみよう！　駄目だったとしても、せいぜいステラには使えないというだけ。やってみる価値はある」

犬に言葉を教えるためのヒント

・**犬がすでに行っているコミュニケーションをよく観察する。**鳴き、吠え、前足を差しのべ、しっぽを振り、あるいは視線を向けることで何かに飼い主の意識を引こうとしているとき、犬から目を離さないこと。何か伝えようとしていることに気づくことで、犬のコミュニケーションに反応し、どの言葉から教えていくかを決めることができる。

・**自分の犬のコミュニケーションにできるだけ答える。**誰でも、自分を認め、理解してもらえるとわかっているほうが意思伝達がしやすくなる。犬の言語的あるいは非言語的コミュニケーションに反応することは、やがて言葉を覚えたときにそれに反応するのと同じくらい重要なことだ。犬をよく見て、癖を知り、何かを伝えようとしているときに反応することでたしかな基礎を築こう。

・**犬のコミュニケーションと言葉をセットにする。**ステラが玩具を落としてこちらを見たとき、わたしはかならず「遊ぶ」と言うようにした。このように、犬が自分に伝えようとしていることや、しようとしていることと結びつく言葉を話すとよい。何を言えばいいのかわからないときは、いま何が起こっているのかを考えてみよう。

第五章　金鉱まであと一メートル

　ステラを引き取って一週間後、わたしは玄関に配達された録音可能アンサーブザーの箱を開けた。ボタンはどれもわたしの手にちょうどよかった。プラスティックの黒いボタンが頂点から曲線を描いて裾へ広がり、側面には録音用の赤いボタンが、底面にはスピーカーと電池ケースがついている。黒いボタンを何度か続けて押してみると、簡単に反応した。これは重要なことだ。

　ステラはそのころ、体重が五キロもなかった。一年もすれば成長し、力もかなり強くなるだろうが、最初からうまくいくようにしたかった。AACのシステムを選ぶうえで重要なのは、利用者の体で扱える、あるいは練習すれば扱えるようになること、そして体が成長しても使いつづけられることだ。このボタンはその基準を満たしていた。前足で玩具や水入れを扱うときに見せる力があれば、このブザーを押すこともできるだろう。成長しきって大人になっても、小さすぎて前足で扱えないということはないはずだ。

このときの期待感や成功への予感は、受け持ち患者に新しいAACデバイスを導入するときとまさに同じだった。この時期には、これから起こることへの大きな期待と可能性を感じている。大きなコミュニケーションの前進がすぐに起こるわけではない（それが普通のことだ）が、長期的にはきっとよい結果をもたらす発見の道を歩きはじめていた。アメリカ大陸を横断するロードトリップに出るため、車に乗りこむような感覚だ。初日に大陸の反対側まで到達することはできないのはわかっているし、長いドライブが必要になる。だが道端の道路標識が、正しい方向へ進んでいることを知らせてくれる。さまざまな州を通過し、窓の外に広がる新たな景色を眺め、本でしか読んだことのないランドマークを自分の目で見る。最悪の場合には、ルートを変えなくてはならないと気づいて、GPSナビを再調整するはめになることもある。だがそんな状況でも、家にいて知らない土地について想像していたときと比べれば、確実に目的地に近づいている。

電池をふたつ用意した。これでひとつのボタンを使って始められる。ステラが意思を伝えるためにすぐに必要なのは、トイレに行きたいときに知らせる手段だ。家に来て一週間経つので、ステラはキッチンのドアが裏庭に通じていることを理解している。外に出る必要があるときに自分からドアのほうへ歩いていくことこそまだないが、ジェイクかわたしが「外」と言ったときにはそちらに向かっていくようになっていた。その言葉を自分で話せるようにしよう。わたしは録音ボタンを押し、マイクに「外」と吹きこんだ。

緑色で縁取られたボタンをキッチンのドアのすぐ脇に設置した。ボタンの色はステラにはあまり意味がない。犬の色覚は二色型で、人間とちがって色を見わけられないからだ。犬の視覚は、赤緑色盲の人に似ていると言われている。ステラが幼かったころ、トイレに行きたいという兆候を見せたときには、それを読みとるのに許された時間はとても短かった。ステラが何をしたいのかを考えるだけの余裕はなかった。地面のにおいを嗅ぎはじめると、もうすぐにおしっこをしている。わたしたちに「外」と伝えることを覚えれば、数秒後には裏庭に出られるようになるだろう。ボタンをドアから離したら、それだけ外へ出るための障害を増やすことになる。

これで、わたしが抱いた大きな疑問を本格的に探究する準備が整った。**自分の犬を言語聴覚士として介助したら何が起こるだろう？**　意識のなかで、自宅のキッチンは治療室に変わった。わたしはドアの横にしゃがみ、ステラと目線の高さを合わせた。ジェイクは子供がはじめて言語療法を受けるときに両親がよくするように、カウンターに寄りかかっていた。熱心に見学しているものの、参加には及び腰だ。

ステラは食品庫に入っていき、頭を上げてシリアルの箱やパン、クラッカーが載っている最下段の棚のにおいを嗅いだ。わたしはそちらに這っていき、ステラの気持ちを食べものから逸らそうとした。「ステラ、見て！」わたしはドアのところまで這って戻り、ボタンを指さした。ステラはジェイクを見、わたしを見て、食品庫に視線を戻してからドアのほうへ向かった。ブザーを見たかもしれないが、意識して見ているようではなかった。わたしは話す速度を落とし、ひとつひとつの音節をしっかりと発音して、単語のあいだに間をとって言った。

「外」と言いながら、同時にボタンで「外」という音声を鳴らした。「外。さあ、外へ行きましょ！」ステラはまっすぐ正面の閉じたドアを見ているが、まだ床に新しく設置されたものには気づいていない。わたしはもう一度ボタンを押し、「外」と鳴らして、さっと裏庭へのドアを開けた。「ほら、おいで！」ステラはわたしの後ろから三段の階段を降り、裏庭に出た。

「わーい！　ステラ、外よ。外！」

ジェイクも出てきた。「こんなものなの？　まるで意識しているようには見えないけど」

「大丈夫。子供もデバイスに気づいたり、わたしの行動を見るまでに時間がかかるの。ステラだってきっとすぐにはできない。少なくともわたしが言っている言葉は聞いているし、聞こえたものとそのあと起こったことをつなげて連想はしてる」

言葉を教えるときに考慮すべき、ふたつの重要な点がある。患者への話しかたを工夫することと、より豊かな言葉を習得できる環境作りだ。言葉の遅れや言語障害がある子供は、自然な環境のなかで周囲の人々が話している言葉の概念を取りいれられていない。その場合は特定の概念を発達させるために、集中的な介助が必要になる。キッチンでステラに話しかけたときに意識して取りいれたのが、このきわめて効果的で根拠に基づく言語療法のふたつの技法である補助付き言語インプットと焦点化言語刺激だった。

補助付き言語インプットとは、学習者のAACシステムを使って自然に話しながら、同時に口で同じ単語を発声することだ。口頭で話しつつデバイスを同時に使うことで、学習者の受容言語能力と表出言語能力の双方が高まることが示されている。[12] この簡単な方法で学習者の言語能力が改善するのは、ふたつの大きな理由がある。第一に、口頭で話すこととデバイスを行き来するため、話し手はおおむねゆっくりと話す。すると学習者は、速度が遅いため言葉を処理する時間を長くとることができる。第二に、補助付き言語インプットは利用者の「モデル」となる。学習者は口で話された単語を聞き、さらにべつの方法で話された同じ単語を聞き、目にし、その単語が適切な状況で使われているのを観察することになる。

焦点化言語刺激とは、覚えようとしている言葉を、その言葉が使われるのに適切な状況で繰りかえすことだ。一度のやりとりまたは活動で、状況が変わるまえに、ひとつの単語を五回以上繰りかえす。ステラとわたしが裏庭へ行こうとしていたとき、わたしは口で話し、ボタンを押して「外」と五回言った。裏庭に出たあとで、「外」とさらに二回言った。つまり、ドアを開けようとしてから裏庭に出るまでの三十秒のあいだに、ステラは「外」

という言葉を七回聞いたことになる。ステラを一日に六回外へ連れだせば、およそ四十二回だ。いまはトイレトレーニングの期間だから、実際には十回くらい外に連れ出すことになるだろう。そうすると、ステラは一日に七十回、すべて適切な状況で、「外」という言葉を聞くことになる。

子供たちへの話しかたを変え、適切なときに単語をモデリングする回数を増やすだけで、子供の言葉は見違えるほど発達する。学術誌 ***Journal of Speech, Language, and Hearing Research*** に発表された研究には、焦点化言語刺激を用いた前後で、幼児の言語能力がいかに劇的に変化したかが示されている。四か月の研究の終わりに、実験に参加した幼児たちは研究開始のときと比較して、表出語彙は四〇〇パーセント増加していた。また、セラピーを受けるまえよりも、標準的な遊びのセッションのなかで声を出す回数が二五七パーセント増加した。これは大きな変化だ。実験群の幼児には、その四か月間に介助を受けなかった対照群の幼児と比較してきわめて高い成果が出ていた[13]。

言葉の遅い幼児は、主に焦点化言語刺激によって治療することで、新しい言葉を理解し、話すことが大いに促される。またAAC利用者は周囲の大人が補助付き言語インプットをすることでデバイスの使いかたをはるかによく習得できる[14]。ステラが話せるようになるかどうかはわからないが、できるだけのことはしたかった。何かうまくいく方法があるとすれば、まずは子供にとって最も効果的な教育方法から始めるのがいいだろう。

その週末には、ステラは「外」に関してなんの進展も見せていなかった。はじめて近所を散歩したり、はじめて入ったお風呂から逃げだしたりしたが、そのあいだずっと、ドアの横のボタンを意識している様子はなかった。こうしたことは、子供たちでもよくある。わたしが使っているデバイスに数週間も気づかないこともあった。そのため、数日間ステラに進歩の兆候がまるで見られなくてもやる気を失うことはなかった。子供にAACシステムを導入したり、言葉を教えた経験がなかったら、きっとかなり早い段階で諦めてしまっていただろう。ステラに進展が見られないため、わたしは電池をさらに買い足し、さらにふたつの言葉をプログラムした（全部で四つにしたのだが、四つめはブザーが壊れてしまった）。ブザーをひとつから三つにすることで、ステラの学習に変化が起こるのではないかと楽しみだった。

以前、自閉症の三歳の男の子を担当したとき、同じような状況を経験していた。男の子はそれまで、ひと言も口で言葉を発したことがなかった。興奮したときは金切り声を上げ、気に入らないときはうなるだけだった。以前の治療者は、「もっと」という一単語をプログラムしたボタンひとつで五か月試した、と書いていた。だがまるで進歩しなかったため、この子にはAACの利用法を学ぶ能力がないのではないかと考えていた。

この子との取り組みを始めたとき、わたしはデバイスに強固な言語システムを取りいれた。最終的に数千語の単語を発することが可能になるシステムだ。この変更からひと月もしないうちに、男の子は自分のタブレットを使って単語を話すようになった。たとえば上の階に行きたいときは「上」、わたしが持ってきた玩具が気に入ったときは「好き」、作業療法士が靴を履くのを手伝ってくれたときは「履く」、手の届かない玩具を取りたいときは「取る」、お気に入りの玩具でもっと遊びたいときは「もっと」などだ。彼は「もっと」という言葉を適切な場面で使いながらデバイスを見るだけでなく、わたしが彼のデバイスでいつもさまざまな言葉を発するのを見ていた。言葉に多く接すれば、それだけ多くのことが学べるのだ。

わたしはステラにとって意味のある言葉を選びたかった。一緒に過ごして観察しはじめてまだ二週間だが、ステラは明らかに遊ぶことが大好きだった。わたしたちとゲームをすることも多かった。ジェイクを追いかけてダイニングテーブルの周囲をまわったり、カウチからボールを落としてわたしに拾わせたり、玩具を追いかけたり、ステラはわたしたちと楽しいことをするのが好きだった。わたしはオレンジのボタンに「遊ぶ」と録音し、リビングルームにあるステラの玩具入れの横に設置した。「遊ぶ」という動詞を使うことで、「ボール」や「玩具」のような名詞よりもより多くを学ぶことができる。「遊ぶ」と言えれば、一種類ではなく、どんなゲームでもしたいと伝えられる。やがてそんなこともできるかもしれない。

そのつぎに有効だと考えた概念は、「水」だ。ステラの水入れが空っぽになっていないか気をつけていたのだが、うっかり通りすぎて、空になっていたことにあとで気づいて水を足すこともあった。空のまま長時間経っていたかもしれない。もしステラが「水」と話せれば、必要なときにすぐに知らせることができる。それに、ステラが容器に前足を伸ばしているのを見なくても、べつの部屋にいても要求を聞くことができる。ステラはすでに、わたしが容器に水を足すのを意識していた。容器をつつき、わたしがシンクにそれを持っていくところから、元の場所に戻すまで目を離さなかった。わたしは赤紫色《マゼンタ》のボタンに「水」と録音し、容器の横に設置した。

通常、子供が最初に話すのはすでに身振りをしている言葉なので、「遊ぶ」や「水」を選ぶのは理にかなったことだった。ステラは空の容器を前足でつついたり、玩具をいじってからわたしを見たり、拾ってほしい玩具を目線で知らせたり、という身振りによってそれらの概念に関して意思を伝えようとしていた。人の子供と同じように、ステラも身振りから言葉へ進歩をするかもしれないとわくわくした。

ボタンがひとつから三つになったので、ステラは言語やAACに触れる機会が増えた。ステラが水を飲んでいる容器の脇を通ったときはいつも、わたしたちは「水」と言い、部屋から出るときにボタンを押した。ジェイクはダイニングテーブルのまわりでステラと追いかけっこをするとき、つぎの一周に入るまえに立ちどまって「遊ぶ」をモデリングした。

わたしはステラの玩具入れを持ってそこから玩具を取りだすたびに「遊ぶ」のボタンを押した。ステラを散歩に連れていくまえには、「外」をモデリングした。グレースがランチに来たときは、食べながら交代で「遊ぶ」や「外」をステラにモデリングしてみせた。ステラはこれで、少数の単語を複数の人々が繰りかえし言うのを、異なった状況で毎日聞いていることになる。

言語聴覚士の仕事では、小さな勝利を祝うことが大切だ。コミュニケーションの重要な変化が見えてくるには時間がかかる。新たな節目に到達し、正しい方向へ向かっているのだとわかるまでには、つねにいくつもの小さな段階が待ち受けている。その段階を越えたことを祝えば、子供は頑張りつづけることへの励ましが与えられ、治療チームや保護者は指導を続けていく気持ちの張りを保てる。ステラにボタンを導入して十日ほど経ったとき、祝うべき最初の小さな勝利が目撃された。冷蔵庫からおやつを出そうとして振りかえると、ステラが裏庭へのドアのあたりで「外」のブザーを覗きこんでいた。誰かが促したわけではない。そのときはモデリングも指さしもしていないし、「外」とも言っていなかった。ステラはたっぷり五秒間はボタンを見下ろしていた。わたしは冷蔵庫を閉じ、ステラの隣にしゃがんだ。

「そうよ、いい子ね、ステラ」わたしは頭を撫でた。ステラはしっぽを振り、わたしの顔をなめた。よくやったねと褒めると、とても興奮していた。わたしは「外」と言い、ボタンを押してモデリングをした。「外へ出ようね」このとき、ステラはわたしがボタンを押すのをじっと見ていた。

ステラがブザーの前に立ち、それを覗きこんでいた意図はわからない。わたしの気を引いて外へ出たかったのかもしれないし、床の上の物体に興味を覚えただけかもしれない。それはどうでもよかった。褒めることによって、ステラは自分の行動をわたしが喜んでいるのだとわかる。それがきっかけで、もっとボタンのことを知ろうとするかもしれない。

室内に戻ってくると、ステラは駆け足で走っていって玩具入れに飛びこんだ。そしてお気に入りの黄色い音の鳴る玩具を取りだし、それをわたしのちょうど足元へ放り投げた。

「遊ぶ！」わたしはボタンでモデリングした。

ステラは首をかしげてブザーを見下ろした。これで二回連続でボタンに気づいたようだ。わたしは同じことをステラに繰りかえさせようとはせず、ブザーに興味を示したことを褒め、それを使ってみせた。二週間近く、ステラはモデリングどころか、ボタンの存在にすら気づいていないようだった。このときまでに、そばにあるほかのすべてのものを試していた。わたしはこれで終わりにならないようにと願った。

残念ながら、単語それぞれをほぼ機会があるごとに集中的にモデリングする二週間が過ぎたときも、ステラはふたつのボタンに視線を向ける以上のことはしていなかった。もう一度ボタンを見ることもなく、進歩の兆しもなかった。**どれくらい続ければいいんだろう？** どれだけ時間がかかろうとも、すべての子供はなんらかの方法で言葉を話せるようになる。諦めるかどうかなど問うことはない。やりつづけるだけだ。けれども、犬についてはわからない。**何か月もかかるのだろうか？ それだけの時間をかけるに値するものなのか？ あるいは、続けてもなんの成果も出ないのだろうか？**

犬のＡＡＣ利用に関する研究がないのはこれが理由かもしれない。犬と人間の言語能力が類似しているのは、言葉を理解してジェスチャーで概念を伝えるというところまでなのかもしれない。それから数日、わたしは始めたばかりのころほどモデリングをしなかった。「遊ぶ」や「外」「水」と一度言い、そのボタンを押すだけだった。もう繰りかえすことはなく、適切な状況でもモデリングしないこともあった。「外」のボタンを押さないでステラをドアから外へ出すこともあった。「水」のボタンを押してモデリングすることなく、急いで容器に水を注ぐこともあった。このころは、進歩を期待せず、これ以上の何かが起こったら思いがけない幸運だと思おうとしていた。目標を完全に諦めてしまったわけではないが、最重要事項ではなくなっていた。**もしステラがボタンを押したらすごい。でも押すことがなくてもしょうがない。**そんな態度だった。

自己啓発書の古典、ナポレオン・ヒルの『思考は現実化する』に、ゴールドラッシュの時代に金鉱を採掘していたダービーという人物についての有名な逸話がある。彼は地表近くで金の鉱脈を発見したので、いったん故郷に帰ってそれを発掘する機械を購入するための資金を用意してまた鉱山に戻ってきた。そして目に見えた金を掘り出したところ、機械の資金を貸してくれた人への借金をちょうど返せるだけの分量だった。推測によれば、地下にはそれよりもはるかに多くの金があるはずだった。ひたすら地面を掘っていったが、もう金は見つからなかった。金が見つかるという証拠もなかったので、ダービーはそこで諦めた。機械を売り、故郷に帰った。ダービーから機械を買った男は、そこから一メートル掘ってみた。すると何百万ドル相当もの手つかずの金の鉱脈があった。ダービーは人生を変える発見にあと一メートルのところでやめてしまっていたのだ。[15]

ヒルは述べる。「失敗はきつい皮肉を効かせたずる賢い詐欺師だ。ほとんど成功が手に届きそうなところで人をつまずかせる」[16]

数日後、ステラのボタンを設置して三週めのはじめには、一日ずっとモデリングをしなかった。ステラはカウチでわたしのひざに乗っていたが、飛びおりてキッチンに入っていった。

ついていくと、裏庭のドアのところで立ちどまった。ステラはブザーを見下ろし、それからわたしを見て、また「外」のボタンに視線を戻した。このときは、ステラの視線に何かを問うようなところはなかった。わたしに向かってそれを押すように身振りで示していた。ちょうど階段を上るのを助けてほしいという身振りをしたときのように。わたしはすぐに足で「外」のボタンを押し、裏庭に出て、しっかりとステラを褒めた。ステラは芝の上に出るとまもなくトイレをした。

AACデバイスの使いかたを学んでいる子供は、わたしの手をつかんで、自分の代わりにアイコンを押すように促すことがある。経験では、こうしたことがあったすぐあとに、まだ補助なしでひとりでとはいかないが、子供は自分の指で言葉を発するようになる。ステラが一度大きな意味を持つ視線を向けたことで、わたしの情熱は完全に復活した。外へ出るまえにわたしが「外」のボタンを押していたことをステラは理解していたのだ。そしてトイレに行きたくなると、わたしの注意をボタンに向けることでそれを伝えた。

翌日仕事から帰ってくると、キッチンにいたジェイクがにやりとした。「きみが正しかったね。ステラはもうしっかりボタンを認識してる」

「ステラはどこ？　わたしがいないあいだに何をしたの？」

「もうすぐ自分で見られるさ」

わたしはキッチンの床にすわり、ステラをひざの上に引き寄せた。一日の終わりに家に帰ってきていちばん好きなのがこの瞬間だ。「やあ、会えて嬉しいよ」ステラの垂れた耳のあいだにキスをして立ちあがった。ステラは棚の下のにおいを嗅ぎながらキッチンを歩きまわり、しばらくすると、「外」のブザーのところへ向かった。そしてそれを覗きこんだ。だが何も起こらないので、足早にその前を三度通りすぎた。もう一度その前に立つと、前足を床に下ろした。ステラはボタンに向かって吠え、ドアノブを見た。

「今夜はもう三回か四回ああしてる。それでぼくがボタンを押すとしっぽを振って、ドアを開けるまでこっちをじっと見てるんだ」

ステラは複数のジェスチャーとひとつの発声を組み合わせていた。それはひとつのジェスチャーとひとつの発声を組み合わせるよりもさらに進んだ、子供がまもなく言葉を発するときに見られる行動だ。わたしはシャレードをしている人の姿を思いだした。シャレードとは、ある言葉を実際に言うことなく、それに関するあらゆるジェスチャーをすることでその言葉を当ててもらうゲームだ。わたしたちは金鉱まであと一メートルのところにいたのかもしれない。この試みから、何かが起こるかもしれない。

犬に言葉を教えるためのヒント

- **ひとつの単語や短いフレーズで、犬の身のまわりで起こっていることを述べる。**犬が何をしているか、自分が何をしているか、何が起こりそうかを話す。

- **繰りかえす。**ひとつの言葉を少なくとも5回から10回言ってからべつの言葉に移ろう。適切な状況で犬が言葉を聞く回数が増えるほど、犬はその言葉の意味をより早く理解できる。

- **使う頻度が高く、犬の日常生活に深く関わる言葉をデバイスに登録する。**「遊ぶ」のような一般的な言葉のほうが、特定の玩具の名前などよりも出現が頻繁で、価値が高い。

- **犬がいつもの行動をする時間に教える。**犬を外へ出し、散歩へ連れていき、エサを与え、遊び、水を注ぎ、お腹を撫でるまえに、ちょっとだけ時間をとってそのときしていることを数回口に出そう。

- **声をかけるときは、口で話しながら、同時に犬のボタンを押す。**犬のボタンを使って言葉を話すときは毎回、正しい使いかたをモデリングする。

- **最初にいくつかの言葉を教える。**経験する回数が多いほどより多くを学べる。

・**犬がボタンをいじったり、声に反応したり、何かを伝えようとするさいの小さな変化に注意する**。犬はひと晩でＡＡＣを使ってきちんとコミュニケーションをとれるようにはならない。それは人でも犬でもごく普通のことだ。それまでの過程で、犬がボタンを見ている、人がボタンを使うのを見ている、ボタンの脇に立っている、ボタンに吠えているといった、小さな勝利を見落とさないようにしよう。ボタンに興味を示していたらかならず、言葉で褒めてあげよう。

第六章　最初の会話

引き取ってひと月が経ち、ステラはすでに大きく変わっていた。十センチほども背が伸び、階段の上り下りを覚え、ジェイクが犬小屋の隣で寝ていなくても朝まで眠れるようになり、子犬の友達を作り、わたしたちの友人ひとりひとりと異なる関係を築きはじめていた。ステラは人に興味津々《しんしん》だった。家に来た人全員にしっぽを振って挨拶し、ひざの上に乗って体をくねくね動かし、お腹を撫でてもらおうとした。誰のこともじっと観察し、どんな動作もうっとりと見つめた。ステラは誰とでも独特のしかたで関わったので、ジェイクも友人たちもわたしも、みなそれを楽しんでいた。

わたしたちの友人で、元気がよく、遊ぶことが好きなジェンナが来ると、ステラは熱狂した。ジェンナの足元をぐるぐる走りまわり、ちょっかいを出してはすぐに逃げて、自分を追いかけるように仕向けた。ジェンナが床にすわっていると、ステラは上に乗っかって顔にしつこくキスをした。ところが、いつも静かで優しいアレックスが来たときは、ステテラは彼女の腕のにおいを嗅ぎ、心から満足そうに眺めていた。ジェンナとアレックスが一緒に来たときは、ステラが交互に熱狂的になったり静かになったりするのを見て全員で盛りあがった。アレックスの隣にすわって手を優しくなめたかと思うと、ジェンナのところへ飛んでいって吠え、玩具入れのほうへ駆けていった。ステラのふたつの世界は衝突していた。この状況を見ていると、わたしの人生で、別々の時期の友人たちが同じ場所に集まったパーティのことを思いだした。誰と友人づきあいをするかで、自分の性格の異なった側面が出てくるのだ。

リグリーもそうだった。人を見きわめ、一緒にいる人に合わせてエネルギーを調整するのがとても上手だった。十一歳のころのわたしは華奢《きゃしゃ》で、散歩のときにリードを持つことを両親からなかなか許してもらえなかった。リグリーは力が強く元気いっぱいで、リードを引っぱるのもかなりの勢いだった。もしリグリーがリスに襲いかかったら、わたしは簡単に引きずられて倒されてしまっただろう。ところがみなが驚いたことに、実際に起きたのはその正反対のことだった。リグリーはわたしがリードを握っているあいだ、速度を落としてぴったりとわたしの隣を歩いてくれた。わたしには優しくしなければならないと知っていたのだ。また、週末に家族で出かけるために、リグリーはわたしの祖父母の家に預けられたことがあった。あるとき祖父が釣り旅行に出ていて、祖母がひと晩ひとりでリグリーと過ごすことになった。リグリーはもう何度もその家で過ごしたことがあり、いつもリビングルームの自分のベッドで寝ていた。ところがその晩は眠るまえに、自分のベッドを口でくわえて祖母の寝室のドアのほうへ引っぱっていった。そしてひと晩そこで祖母を守って過ごした。家族は全員、リグリーが状況を読みとり、みずからの判断で行動を調整するのを称賛していた。

一緒に暮らしはじめて最初の四週間で、ステラの性格は日々明らかになっていった。ジェイクとわたしのそばにいるのが好きだが、根っから好奇心旺盛で、独立心も不足していない。礼儀正しく賢いものの、ジェイクやわたしの望みになんでも従うわけではない。見知らぬ人と関わることができるけれど、新しい物体や音には慎重だ。どうも、ステラについてひとつかふたつの形容詞で説明するのはむずかしい。とはいえ、友人や家族のことだって、ひとつかふたつの言葉で性格をすべて言い表すことはできない。ステラは人が誰でもそうであるように複雑なのだ。ステラにまだ会っていない友人や家族からどんな犬かと聞かれ、ひと言で答えるとしたら、「元気がありあまっている」だろう。

ステラが新たにボタンに気づいたことがわかったので、わたしはまた毎日、自然な機会があるたびに言葉のモデリングを再開した。わたしがボタンを押しながらそれに対応する言葉を話すとき、ステラはしっかりと聞いていた。ブザーを鳴らすわたしの足や手をじっと見ていた。しっぽを振って、その言葉しだいでドアや容器、あるいは玩具のほうへ視線を向けた。ステラの歯車は回りはじめた。顔の向きや表情、しっぽの振りかたで、ステラが理解しはじめたことがわかった。もうステラがボタンを使うようになるのに何か月かかるか、あるいはひと言でも話せるようになるだろうかと疑問を抱くことはなくなった。そうした節目はまもなくやってくるものとしてふるまっていた。このまま進歩していけば、つぎにそうなるのは必然的なことだった。

その週の後半、ジェイクとわたしが夕食を食べていたとき、ステラはリビングルームの床に寝そべり、ロープの玩具を噛んでいた。ステラが問題を起こさないように、わたしたちはそちらを向いていた。突然、ステラは玩具を落として立ちあがった。そしてキッチンのほうへ歩きはじめた。ダイニングルームのテーブルまで来ると立ちどまり、わたしたちと目を合わせた。注意を引いたことを確認して、またすぐに歩いていった。まるで、何か新しいことをするまえに親が見ていることを確認する小さな子供のようだ。ジェイクとわたしがテーブルから身を乗りだして見ていると、ステラは戸口のほうへ行った。そして「外」のボタンの前で立ちどまった。それを見下ろすステラは、飛び込み台の縁《ふち》に立ってプールに飛びこむ勇気を振りしぼっている子供のようだった。ステラが右の前足を上げる。わたしは息を飲んだ。ステラは踏ん張った。ブザーからは二十センチも外れた場所だ。ジェイクとわたしは目を見交わし、椅子から立ちあがった。

「偉いわ、ステラ」わたしはキッチンに入っていきながら言った。「大丈夫、できるよ！」

ステラはしっぽを振り、もう一度前足を上げた。連続して三度踏んだが、やはり毎回十五センチほど外れていた。「そう、惜しい。ほら、ここにあるよ」わたしは場所を少し教えることが合図になるかもしれないと思い、ボタンを指さした。

ＡＡＣを利用した療法では、「最小から最大へ」と合図を出していく。[17] 研究者たちが開発した、ごく自然なものから、ほとんど答えといえるものまで、段階的に合図を与えていく方法だ。たとえば十秒以上ただ待つという自然な対応から始めて、それからデバイスを指し示したり、デバイスをタップしたりしていく。利用者がそれでも反応できなければ、もう一度モデリングをして、その言葉を集中的に覚えさせるようにする。子供の指を握って言葉を発声させたり、犬の前足をつかんでボタンを押させたりすることは厳禁だ。それは人の口から無理やり言葉を引きだすのと同じように、不可能なことなのだから。ＡＡＣの利用者もまた同様に、自分で言葉を話す自由が与えられなければならない。

最も自然な方法でコミュニケーションを促すことから始め、必要な場合に少しずつ補助を増やしていくほうが、はじめに手を出しすぎ、そのあとで関与を減らそうとするよりも有益だ。後者はしばしば「行動を促す刺激《プロンプト》依存」を引き起こし、独立してコミュニケーションがとれず、ある言葉をいつ言うべきか指示されることに頼ってしまうようになりかねない。前者は実際の役に立つ、独立した言語使用の確固たる基礎となる。

ステラはわたしを見上げ、それからジェイクを見た。**外に連れていこうか、それともやりなおす時間をあげようか？**　わたしは自問した。惜しいところまで来ていた。ステラを外に出して、この学習の機会を切りあげてしまうことはしたくなかった。だが、ステラがあと一歩でボタンを押そうとしたことを褒めたいという気持ちもあった。言葉を教えるのはダンスに似ている。意味を理解する時間を与えるか即座に反応するか、達成を褒めるかつぎの段階を目指すよう促すか、しっかりと介助するか控えるかのせめぎ合いがいつもあって、そのあいだの適切なリズムとバランスを見つけなくてはならない。どんな状況でも使えるただひとつの公式など存在しない。あらゆるツールや戦略を知っていてそこから選べるとしても、いつどれを使うかは実践と反省がなければ上達しない技術なのだ。

「ここだよ、ステラ。ほら、ここ」わたしは言った。そしてボタンの頂点に触れた。ステラは隣に寄ってきて、後ろ足を曲げてしゃがんだ。ボタンのすぐ横に水たまりが広がっていく。ジェイクが駆けよってきてステラを抱えあげ、慌てて裏庭に連れていった。

「ふう、これは完全にわたしたちの失敗ね。ステラじゃなくて」とわたしは言い、ため息をついた。**いまは少し引っぱりすぎた。**

ステラが「外」と言おうとした試みは空振りに終わり、床の上でおしっこをしてしまったが、ここからいくつもよい結果が生まれた。ステラはボタンの存在だけでなく、その目的にも気づきはじめていることを示した。トイレに行きたくなり、ボタンのところまで歩いていってそれを押そうとすることでわたしたちに知らせたのだ。意思を伝えようとしているのは明らかだった。ステラが適切な状況で自分から「外」と言おうとしているのが見られたのは大きな一歩だ。まだ生まれて十二週間の子犬なのだから、狙ったものに触れられなくても心配することはない。それよりもトイレに行きたくなったときにどうすればいいかわかっていることが嬉しかった。

「クリスティーナ、クリスティーナ、起きてくれ。ステラが最初の言葉をしゃべったんだ！」その翌日の夜、ジェイクがわたしの肩を揺すった。わたしはシーツのなかで体を丸めた。

「どうしたの？」わたしは手を伸ばしてナイトスタンドをつけた。時間は午後十一時十五分。眠ってからまだ三十分くらいしか経っていない。

ジェイクは舞いあがっていて、わたしの顔の前に携帯電話の画面をつきだした。「ほら、残らずきみに伝えられるように、全部メモしておいたんだ。いやそれより、ぼくがきみにこれを読んで聞かせよう」ジェイクは携帯電話をわたしの手から取り戻した。

わたしは笑みをこらえられずにベッドの上にすわり、ジェイクの話を聞いた。それは大人になってから聞いた最高のベッドタイムストーリーだった。彼はひとつ咳払いをして語りはじめた。

二〇一八年四月三十日午後十一時、ステラは起きていた。元気いっぱいで、キッチンのドアのほうへ駆けていった。そしてドアの隣に腰を下ろした。ぼくは立ちあがってそのまま待機し、ステラを見つめた。ステラはとても辛抱強くすわって、ドアを上から下まで見て、それからぼくを見た。たぶん三十秒くらいこうしてから（鳴いたり吠えたりはしなかった）、ぼくを見て、少しもじもじして、ボタンを見下ろした。ステラは前足を上げて、そしてボタンを押した！　あまりの衝撃で、ぼくは何を言えばいいのかわからなかった。ステラはまたすぐにボタンを押し、期待するようにぼくを見上げた。ずっと褒め言葉をかけながらドアを開けると、ステラはまっすぐ外へ出ておしっこをしたんだ！　外に五分くらいいると、ステラはうんちもした。それからなかに入った。入って二分もしないうちに、またドアのところへ行って吠え、ボタンを前足で押した。そこで外へ連れていくと、ステラは裏庭を全力で駆けまわった。ステラは元気いっぱいだった。とてつもない進歩をしていて、これ以上ないくらい誇らしかったよ！

わたしはジェイクを抱きしめた。その夜、わたしはステラと同じくらい彼のことが誇らしかった。手本となる経験などなかったのに、完全に適切な対応をしてくれた。まるで経験のないことだったのに。夜遅かったし、ジェイクはステラをこれまでどおりすぐに外へ出して、それから寝床に戻してもおかしくなかったのだ。ところが彼はすばらしい忍耐を発揮した。ステラに自分で話すための時間と機会を与えた。ステラの言葉に興奮し、外へ連れていき、ステラと喜びを分かちあうという完璧な反応を示した。あと三十分起きていて、これを直接見たかったという気持ちもあった。だがそれよりもジェイクが、ほかの存在が新しい能力を身につけるのを目撃するという崇高な経験をし、しかもそれに関わったことがとても嬉しかった。そんなすばらしい感覚はなかなか味わえるものではない。

翌日の晩、仕事から帰ってきたとき、わたしはステラが「外」と言うのを自分の目で見ようと心を決めていた。ジェイクによれば、昨晩から一度も話していないという。夕食後三十分ほど、わたしは繰りかえし「外」をモデリングし、ステラを庭に連れ出して遊んだ。ステラはわたしが「外」と言うたびにわたしを見て首をかしげ、とまどったような目をしていた。これほど何度も連続で外へ出るのははじめてだった。

職場では、親が自分の子供は話せるのだと証明するためだけに、子供に無理やりなにかを言わせようとするのを見て、いつも苦々しい思いをしていた。そんなときは優しく、「心配ありません。信じますよ。自分にとって意味のあるときにはちゃんと話せますから」と伝えて話を逸らすことにしている。ところがこのときは、わたし自身がそんな望ましくない行動をしてしまっていた。ステラは自分にとって意味のあるときに、また「外」

と言うだろう。コミュニケーションはつねに選択なのだ。

わたしはリビングルームのカウチでジェイクの隣にすわり、ドラマ「ジ・オフィス」を観て気を紛らわせた。ステラはアライグマのぬいぐるみで遊んでいたが、やがてリビングルームからキッチンに移動した。出ていったのに気づいていなかったが、ステラが気を引きたいときにするように、高音で吠えるのを聞いて気がついた。キッチンに歩いていくと、ステラはボタンの前でうろうろした。そしてわたしを見て、ブザーに視線を落とした。わたしは十秒ほど待って、ステラが自分で「外」と言うかどうかを確認した。ステラはわたしのところまで歩いてきて、またボタンに戻った。

「外？」わたしは尋ねた。

ステラは吠えた。

わたしはボタンのところへ歩き、軽くボタンの先端に触れてつぎにするべきことの合図を出した。視線が合うと、ステラはブザーの前まで進み、前足を上げ、それを下ろして「外」と言った。

「そうよ、外へ行きましょ」わたしはドアを開け、声を上げてジェイクに伝えてからステラと一緒に裏庭に出た。「また話したわ！」

ステラは芝生の上ですぐにトイレをした。やはり、ステラは自分にとって意味のあるときに「外」と言った。それはステラがわたしの欲求を満たすためだけに話すよりも、はるかに有意義で嬉しいことだった。ジェイクとわたしはまたコミュニケーションの成功を祝い、裏庭のテーブルのまわりでステラを追いかけた。数周走ったあと、ステラはドアが開いていることに気づいてキッチンに駆けこんだ。わたしが追いかけていくと、振り向いたステラと目が合った。ステラは「外」と続けて二回言った。そして裏庭への階段を飛びおり、庭でジェイクと遊んだ。

ステラは自分の持つ力に気づきはじめていた。「信じられない」とわたしは言った。トイレに行きたいときや走りまわって遊びたいときに、これでステラが合計で五回も「外」と言ったことにわたしはすっかり興奮していた。驚くべきことに、ステラはこの最初の段階から、意図的に自分の意思を伝えようとしていた。意味もなくボタンを押して、どこかへ歩いていってしまったわけではない。吠え、アイコンタクトをしてからボタンの隣に移動したのは、外へ行きたいという自分の要求を表現するためだ。わたしの目の前で、ジェスチャーから言葉を使うことへの成長を見せてくれた。それまでも十分に豊かなコミュニケーションができていたが、「外」と話したのは、望外の喜び《チェリー・オン・トップ》だった。

ひと月のあいだ、ステラはわたしたちが「外」と言うのを聞き、見ていた。そのモデリングを通じて、「外」という言葉のすぐあとに何が起こるかを学んだ。これこそが、適切なタイミングで自然な介入をし、言葉をモデリングすることの力だ。ある言葉を知っていることと、その言葉の使いかたを知っていることはまるで異なる能力だ。期待が持てることに、これまでにステラが「外」と言ったのはいつも意味の通る場面だった。時期尚早かもしれないが、つぎの展開に興味が湧いてきた。**このスキルはずっと続くのだろうか？　あるいは意味がわかったら、ステラは関心を失ってしまうのだろうか？**　ステラはどんな欲求や必要があるときでも、いつも「外」のボタンを使うのだろうか、それともほかの言葉と意味を区別するようになるだろうか？　ほかの言葉をすぐに話しはじめるだろうか、それともまたひと月かかるのだろうか？

驚いたことに、予想したよりも早くそうした疑問のいくつかへの答えがわかってきた。ステラとジェイクとわたしは、裏庭での追いかけっこで息を切らして、満ち足りてリビングルームに戻ってきた。底なしのエネルギーであふれたステラは鼻先を玩具入れに突っこんだ。そして自分が欲しい玩具を探しているあいだ、わたしは何度か「遊ぶ」という言葉をモデリングした。

ステラはボールを取りだして動きを止めた。口にそれをくわえたまま、カウチにすわっているわたしを見て、また視線を落とした。ステラは自信を持ってひと跳ねし、前足で「遊ぶ」のボタンを押した。

「きみが押したの？」ジェイクが尋ねた。

「わたしじゃない。ステラだよ」わたしは微笑んだ。「遊ぶ？　いいよ、さあ遊びましょ。よくできたわ！」わたしはカウチから立ちあがり、部屋のあちこちにステラのボールをバウンドさせた。数分後、ステラはボールを置いてロープの玩具を取りだし、また「遊ぶ」と言った。

ステラに話しかけ、言葉をモデリングし、コミュニケーションのパターンを観察してきた数週間を経て、この夜はじめてステラとわたしは同じ言葉を話していた。

ステラに必要だったのは、言葉をアウトプットする段階に入るまえに、子供と同じように、言葉が使われるのを聞きながら見るインプットの段階だったのだ。ここまで到達したことで、わたしはまた興味を取り戻していた。ノートパソコンを開き、ステラのコミュニケーションに関わる出来事を詳しく打ちこんでいった。愛犬がわたしに言葉をはじめて話したこの夜のことは、ひとつ残らず覚えておきたかった。


ステラがはじめてふたつの言葉を話した数日後、わたしはキッチンで立ったまま、ジャムを塗ったトーストを急いで食べていた。雨のなか、ステラを外に出してトイレをさせるのにいつもの三倍の時間がかかってしまい、仕事に遅れそうだった。ここでさせておかないと、あとで室内のトイレの後始末をするはめになるからだ。皿洗い機に皿を入れているとき、ステラが水を飲んでいるいつもの音が聞こえてきた。

ところが急に音が止まった。ステラは水入れのすぐ右にある赤紫色《マゼンタ》のボタンを見ている。それからわたしを見て、ボタンに視線を戻した。よく見ると、容器は空だ。それからあと数秒沈黙を守り、わたしは「水」ボタンの隣まで静かに移動してしゃがんだ。そこにいることが、ステラにできることを思いださせるための軽い合図になる。小さな催促は、ヒントを与えることに似ている。たとえばモンタナ州の州都を思いだそうとしているとしよう。考えても考えても答えが出てこないとき、誰かに「イニシャルはH」と言われると、すぐに「ヘレナ」という答えが浮かんでくる。自分ひとりでは無理でも、ちょっとしたヒントがあれば思いだせる。

ステラはわたしのヒントを理解した。前足を上げてから下ろし、容器が空になった状況ではじめて「水」と言った。わたしが注いだ水をステラは飲んだ。ステラはこれで三つのボタンを使ったことになる。わたしの心は誇らしさであふれていた。

わたしは職場で同僚たちに小さなステラがそれぞれべつのボタンを押して「外」「遊ぶ」「水」と言うところを撮影した動画を見せた。グレースはこのニュースに大喜びした。彼女はボタン探しを手伝い、ランチの時間にはほとんど毎回ステラにトイレをさせるわたしに付き添い、一緒にステラの進歩を見てきたし、ブレインストーミングにもつきあってくれたのだ。

ほかの人たちも興奮するだろう、せめて興味くらい持ってくれるだろうと思っていた。わたしのかわいい子犬がこれほどはっきりとAACでコミュニケーションを行っている動画を見れば、コミュニケーション・デバイスを利用する言語聴覚士が増え、言語療法の持つ力に誇りを感じるだろうと想像していた。

ところが、多くの人は笑顔を見せたり、「かわいいね」とか「へえ」と言うくらいで、とまどうか、興味がなさそうだった。どうやってボタンを押させているのかと尋ねる人や、「面白い芸ね」と言うなり椅子を回転させ、コンピュータのほうを向いてしまった人もいた。

いまなら、わたしにも同僚たちの反応はよくわかる。残念ながら、ほとんどの言語聴覚士はAACを扱った経験が少なく、この病院でもやはり事情は同じだった。わたしは運よくすばらしいAACのコースがある大学院に通っていた。すべての大学院のプログラムに、補助代替コミュニケーションに関する総合的な授業があるわけではない。むしろ授業がないほうが一般的で、多くの言語聴覚士は仕事をしながら、不慣れなテクノロジーを自分で理解しなければならない。

グレースとわたしはそれまで九か月間、AACについての知識と情熱を同僚たちに広めようと頑張っていた。AACのデバイスへの保険適用を求める要望書を提出する複雑な手続きも共同で行った。デバイスの製造会社の代表者を招いて病院のスタッフに説明してもらった。休日出勤してガイドブックを書き、AACが使えるようになるための説明書を作った。ほかの言語聴覚士の受け持ち患者にAACによる評価をして、長い報告書を書き、必要な書類をすべて提出し、しかもそのあいだ受け持ちの子供たちの治療もしていた。その原動力は、話すことのできる子供たちや、自分たちはこんな成果を挙げられるのだと気づいて元気づけられる言語聴覚士が増えてほしいという願いだけだった。上司から努力を讃えられることもあったが、残念なことに何をしても、ＡＡＣの支持者はあまり増えていなかった。

わたしに見えている潜在的な可能性が人に知られるとか、言語療法という分野にとってこのことが持つ重要性が理解されるとかいったことは、あまり考えていなかった。目の前でステラにとてつもないことが起こっているのだということは、心でも頭でもわかっていた。同僚たちの困惑が示しているのは、むしろこの分野がどれほど遅れているかだ。わたしはいつか、必要とするすべての人、さらには犬のために、ＡＡＣへの理解や受容を進める運動に貢献したいと願った。

犬に言葉を教えるためのヒント

・**言語をインプットする期間を想定する。**犬は言葉を学ぶためにそれを聞き、ＡＡＣの使いかたを覚えるためにそれが使われているのを見る必要がある。これにはある程度の時間がかかると想定するべきだ。

・**犬が何か伝えようとしているときに手本を示そう。**犬がジェスチャーをしたり、鳴いたり吠えたりしているときは、犬が伝えようとしていることを想像し、その言葉をモデリングしよう。犬のコミュニケーションと言葉を結びつけると効果は絶大だ。

・**自然な合図でボタンを意識させよう。**かなり時間をとってもうまくいかないときは、ボタンの脇に立ち、それを指さしたり、軽く叩いてみるといい。合図したあとはまた時間をとろう。犬がボタンを試そうとしなければ、言葉をモデリングし、いったんその場を離れて自分がしていたことに戻る。

・**自然な状況でモデリングする。**自然に起きた出来事と関わりのある言葉をモデリングしよう。

・**コミュニケーションに反応する。**犬が何か話したら、適切な反応をしよう。はじめは、できるだけ犬のコミュニケーションを尊重する。犬が言葉を使えない場合は、ほかのコミュニケーション方法への反応を続けよう。エサや水、遊び、外出などをお預けにしてはいけない。少しだけ時間をとって、犬が言葉を話すチャンスを与えよう。

第七章　独立性

ステラが最初の言葉を話してから数週間、わたしはずっと気持ちが昂《たかぶ》っていた。オマハに夏が訪れ、少しずつ合図を減らしてもステラは一日に一度は言葉を話していた。アメリカ言語聴覚士協会（ＡＳＨＡ）から、資格の認定を知らせる手紙が届いた。大学で四年、大学院で二年学び、一年間病院で研修したことで、ついに正式な言語聴覚士になった。これでセッションを監督され、文書の確認をされることなく仕事ができる。医療資格を持った一人前の治療者になったときのことをずっと夢みてきたが、それがようやく実現した。わたしは自分が選んだキャリア、している仕事、これからの道を誇りに思った。自分の好きなところで働けるし、誰かにお墨付きをもらわなくても、自由に専門家としての見解を述べることができる。もう、仕事に関する自分の知識を証明するために何かをする必要もない。自分の名前の横に資格を表すわずか三文字が加わっただけで、気持ちはがらりと変化した。学校で勤務するセラピストに自分の見解と推奨事項を書いたメールをそれまで以上に送り、グレースと翌月のAACの継続学習コースを申し込み、つぎに働く場所のことを考えはじめた。現在の病院で働いてもいいが、世界も仕事の可能性も、自分の前に大きく広がっているように思えた。

ステラはまだ頻繁にボタンの前をうろうろし、それに向かって吠えたり見下ろしたりした。この身振りをしたときは、ときどき「何が欲しいの？」と言葉で促した。それから少なくとも十五秒は何もせず、ステラに反応するチャンスを与えた。研究によれば、コミュニケーションの相手が十秒から四十五秒の間を置くと、AAC利用者はデバイスを使って反応する可能性が高まる。[18] いつもより長く待つことが、自分が話す順番なのだと学習者に知らせる合図になる。また、何が起こっているのかを理解し、つぎに何をするかを選ぶこともできる。

わたしは黙っていた。ステラはこちらに背中を向けて立ち、ボタンと水入れを見ていた。つぎに介入するまでの時間がしっかりとれるように、わたしは心のなかで数をかぞえた。

「十二、十三、十四、十五、十六……」

「水」ステラは言った。そしてすぐに唇をなめてしっぽを振り、わたしが容器に水を注ぐと興奮した。

このように、言葉を話すチャンスを与えるために十分に時間をとって待つことが、言葉を使うように促すのに最も効果がある。大人はごく自然と、あまり間を置かずに助けてしまったり、自分でやってしまったりする。だが本当の、重要な進歩をもたらすためには、沈黙と忍耐に慣れなければならない。

ある朝、二階で歯を磨きながら、その日の仕事についてあれこれ考えていた。病院に着き、玩具を棚から取りだして、と想像していたとき、突然考えが断ち切られた。

「外」という声が下の階から聞こえた。

ジェイクはもう仕事に出かけている。だから「外」と聞こえたとしたら、可能性はひとつ、ステラがはじめて完全に自分だけで言葉を話したとしか考えられない。歯ブラシをくわえたまま階段を駆けおりると、ステラはボタンの横に立ち、裏庭へのドアを見つめていた。

「外へ行くの？　わかった。いい子ね、ステラ」

ステラはしっぽを振って飛びまわった。ドアを開けると、すぐにステラは木製フェンスの上にいたリスを追いかけて外へ飛びだした。

これが、ステラが直前になんの合図もモデリングもなく、完全に自分から言葉を話した最初だった。これは祝福すべき大きな節目だ。今朝までは、少なくとも一度か二度の小さな催促が必要だった。これはコミュニケーション・デバイスを使って話そうとしている子供にも、口で話そうとしている子供にも、とてもよくある、ごく自然なことだ。子供は何かを完全に自分だけでできるようになるまでに補助を必要とする。赤ん坊が歩きはじめるときと同じだ。何歩か自由に歩けるようになるまえには、家具や両親につかまって歩く段階がある。

わたしがタイミングよく二階にいて、ステラの要求を知ることができたのは、ステラにとってもわたしにとってもいいことだった。もしステラが吠え、二階に上がってきてわたしを見つけても、わたしにはその理由がわからなかっただろう。もしステラがドアのそばで静かに立っていたら、二階からはその姿は見えないし、何かを求めていることにすら気づかなかっただろう。自分が求めているものを正確に伝えることができれば、はるかに短い時間で要求を満たすことができる。

最初の独立した言葉を話したあと、ステラは三つの単語すべてを自分で言えるようになった。トイレに行きたいときや外で遊びたいときはほぼ毎回「外」と言うようになった。ジェイクとわたしは、家のなかでのお漏らしがずいぶん少なくなったのを喜んだ。水入れが空になっていると、ステラはかならず「水」と言った。

印象的だったのは、ステラが自分で「遊ぶ」という言葉を使いはじめたときだ。ステラは好きなときに、自分の玩具で遊べる。玩具入れは床に置いてあるから、いつでも自分で玩具を取り出せる。ところが、ジェイクとわたしが近くで食事をしたり真剣な話をしたり、それぞれのコンピュータに向かっていたりして、ほかのことに意識を向けていると、ステラは「遊ぶ」と言いはじめるのだ。口から玩具をぶら下げて近づいていってもこちらがそれをやめないと、「遊ぶ」と言いにいき、また小走りで戻ってくる。十回も二十回も「遊ぶ」と言う晩もあった。言葉はステラが言いたいことを伝える方法になりつつあった。表現のレパートリーに組みこまれていた。

六月はじめのある晩、ステラはコンロの前にすわってわたしが料理するのを見ていた。動くたびに目が追いかけてくるのが感じられる。ステラはじわじわと近寄り、自分はここにいるとわたしに伝えている。そのとき突然、前庭から轟音が聞こえてきた。ステラがリビングルームに駆けこみ、カウチに飛び乗って窓の外を見ると、ジェイクが前庭の芝刈りを始めていた。ジェイクの姿が視界から消えると、ステラは三度吠え、カウチから飛びおりた。ステラは玄関の窓にかかったカーテンのあいだに頭を突っこんだ。ジェイクの姿が見えたのでしっぽを振り、もう一度吠えた。ステラはキッチンに駆けてきて、「外」と言い、一目散に玄関に向かった。ドアマットのところで立ちどまってこちらを振りかえり、わたしが要求を聞いてついてくるかどうかを確認した。

もちろん、わたしはキッチンでしていたことをすべて中断して、芝刈り機があまり好きではないのを知っていたが、ステラを前庭に出した。ステラが「外」という言葉を一般化し、裏庭以外の場所に対しても使ったのははじめてのことで、これは嬉しいことだった。もしステラにとって三つのボタンの意味がすべて一緒で、わたしの注意を引くためにいちばん近いものを押しているのだとしたら、玄関から数十センチのところにある「遊ぶ」のボタンを押しただろう。あるいはキッチンへ行く途中にある「水」でもよかった。ところがステラが選んだのはそのどちらでもなかった。まるで通り道ではない家の反対側まで走っていき、わたしに「外」と言ったのだ。

ステラはドアから突撃した。そして芝刈り機に向かって吠え、わたしを守ろうと足元に後退してきた。ジェイクがこの恐ろしい音を出す機械を停止させると、全身を震わせて勝利を祝った。ステラがしたかったのは、外へ出てジェイクを確認する（そしておそらく芝刈り機から彼の命を守る）ことだった。自分がコミュニケーションにおける大きな節目に到達したことなどまったく知らなかっただろうが、わたしはこのときステラの可能性の大きさを目の当《まあ》たりにしていた。

コミュニケーションを覚えたての子供の言語療法を行うとき、わたしはかならず、その子供が言語を用いてさまざまなコミュニケーションの機能を果たせるようになることを目標のひとつにする。要求は幼い子供にとって最も必要なコミュニケーションだが、そもそもわたしたちはなぜ話をするのかを思い返してみよう。コミュニケーションには、ものや行為を要求し、拒絶または抗議し、起こっている出来事について述べ、考えや感情を共有し、問い、答え、ものを名づけ、他者に行動を指示し、冗談を言い、物語を伝える、といった多くの働きがある。ステラに言葉をいくつか教えようと最初に思いついたときは、ステラが数種類の要求をして、求めているものや必要なものを伝えられるようになればいいと思っていた。ステラのさまざまなコミュニケーションの機能を補助しようという考えが浮かんだのは、六月の終わり、家族が集まる休暇に出かける前日のことだった。

ステラを連れて鉢植えの植物に水をやっていた。生後八週間のころから、ステラはこの毎週の行動が大好きだ。鉢が置かれた部屋をまわるわたしについてきて、じょうろの口と土を交互に見つめている。このとき、最初の鉢植えに水をやったあとステラはどこかへ行ってしまった。そしておよそ五秒後に、「水」という声が聞こえてきた。わたしは笑みを浮かべた。水を見て、喉が渇いていたのを思いだしたのだろう。ステラが歩いて戻ってくるのを見ようと、廊下を歩いていった。

「水が欲しいの？」

ところが水入れには水があり、ステラは飲んでいなかった。ステラはサンルームに戻ってきて、わたしが鉢植えにたっぷりと水を注ぐのを観察した。ステラは要求ではなく、起こっている出来事を伝えるために話したのだ。

ステラがものや行為を求める目的ではなく言葉を話したのはこれがはじめてだった。サンルームを出て廊下を進み、ダイニングルームまでわざわざ行ったのは、身のまわりで観察したことをわたしに伝えるためだけだった。考えを伝えるのは簡単ではないし、自分の役に立つことでもないが、とにかくそうしたのだ。わたしはすぐにグレースにメールでこの話を伝えた。ステラはほかに、どのようなコミュニケーションの機能が使えるのだろう？　自分が言葉を持たない事柄について、何に気づいているのだろう？

　翌日、ジェイクとステラ、わたしは家族で夏の休暇をいつも過ごすウィスコンシン州の湖畔の別荘へ旅立った。わたしの両親が毎年借りているその別荘に、今年は八人の大人と二匹の犬、赤ん坊ひとりが滞在した。正面の玄関を出ると、両側を数マイルも深い森で囲まれた狭い未舗装の道に出る。裏口からは広い芝地が開かれ、石段を降りていった先にはミシガン湖の砂浜がある。現実から遠く離れた、静かな別世界だ。昼間の多くの時間は心と体を休め、読書やおしゃべりをしたり、自然を満喫して過ごす。夜になるとボードゲームをしたあと、星空のもとでたき火をし、マシュマロを炙《あぶ》る。携帯電話の電波はほとんど入らず、インターネットもケーブルテレビもない。毎年この一週間には、家族全員が普段の忙しい生活を中断し、つながりを取り戻し、心を充電してのんびりと過ごす。

　この年はそれ以上の楽しみがあった。ジェイクがこの旅に来るのははじめてだったし、ステラにははじめてのビーチだ。ステラが砂や水、波にどんな反応をするのか、早く見たくてしかたなかった。それに、ステラは新しい場所でどんなコミュニケーションをするだろう。慣れない家で普段とはちがう人々と会うことが、言葉の使いかたにどんな影響を及ぼすだろうか。言語療法では、子供が治療室で習ったことをほかの環境でもできるようになるにはしばらく時間がかかる。わたしは別荘に着くとすぐにステラのボタンを設置して、数回モデリングをした。「外」のボタンは裏口の脇、「水」は裏口から入ってすぐの廊下に置いた水入れの隣、「遊ぶ」はリビングルームにあるステラの玩具入れのそばだ。だが、すぐにそれらを設置したあとは、ボタンのことは忘れがちになっていた。みんなと近況を伝えあったり、五か月の姪《めい》と遊んだり、ビーチを楽しむことで頭がいっぱいだった。

ジェイクとわたしはステラを湖岸に散歩に連れていった。これまで見たことがないほど水位が高かった。ビーチがほとんど湖にのみこまれ、ぎりぎりふたりで歩けるくらいの幅になっていた。

「ステラのリードを放してみようよ」とジェイクが言った。

わたしはかなりためらった。ステラの反応はまったく予測できない。リグリーをここで放すことはよくあったが、それはもっと成長してからのことだ。やめるべき理由はいくらでもあった。ここは人里離れた森のなかだし、普通の公園ですら放したことはない。走ってどこかへ行ってしまった場合に呼び寄せるためのご褒美もない。電波が届かないから、見失ってしまったときに携帯電話で助けを呼ぶこともできない。それにステラはまだあまりに幼かった。ところがどういうわけか、わたしはジェイクに説得されてしまった。ステラが逃げてもぼくのほうが足が速いし、ふたりでステラに危険が起こらないように守ってやればいいんだから、と。ジェイクはリードを外した。わたしは深呼吸をし、指を十字に交差させて無事を祈った。ステラは自宅の裏庭以外ではじめて自由の身になった。

意外にも、ステラはあいかわらずわたしたちの目の前でずっと小走りをしていた。「いい子だね、ステラ。いい子だ」ステラはジェイクとわたしのほうを振りかえった。そして微笑んで荒い息を吐くと、前方にダッシュした。わたしたちから十メートルは離れ、スピードを落とす気配もなかった。

「ステラ、待って」わたしは声を上げた。追いかけて捕まえることを期待してジェイクを見た。

ところがジェイクが走るまでもなかった。ステラはそこでぴたりと立ちどまった。わたしたちのほうを向き、相変わらず微笑んでいる。

「待ってくれてるのね、ステラ。そう、いい子よ」わたしは声を上げた。ステラはわたしたちが追いつくまでそこから動かなかった。しっぽを振り、まるで何時間も会っていなかったように飛び跳ねて挨拶した。

わたしは衝撃を受けた。ステラは元気いっぱいの子犬で、生まれてはじめてのビーチでリードを外されたのだ。それなのに広々とした環境を探検するのをやめてわたしたちを気遣い、振り向いて、わたしたちが追いつくまで待っていた。ステラはもうしばらく脇で小走りを続け、それからまた前へ駆けだした。わたしが待つように声をかけるとすぐ止まり、わたしたちが追いつくまでじっとしていた。別荘に戻るまで同じことが繰りかえされた。

ステラがわたしたちの言葉をよく聞くのは、わたしたちが彼女の言葉をよく聞くからなのかもしれない。それは子供でも同じことだ。わたしが彼らのコミュニケーションに意識を向け、しっかりと聞いていればそれだけ、子供たちもわたしのコミュニケーションに気づき、聞いてくれる。ジェイクとステラ、わたしは確固たる関係を築き、やればできると仮定し、たがいの言葉を聞き、新しいことを試している。ステラがジェスチャーをしたり、声を出し、吠え、言葉を発したりしたのを認めるたびに、それが相手のコミュニケーションに応じるモデリングになっているのだ。このとき、ステラは立ちどまり、わたしたちが話したことを聞いた。

ジェイクに説得されなければ、わたしはどれだけできるかを示す機会をステラに与えることはなかっただろう。「待つ」という言葉を家で使った回数は少なかった。ステラにおすわりを命じ、ゆっくりと後ろに下がりながら「待て」と何度か言ったことがあった。成功したのはリビングルームで、わたしが持っているご褒美を目当てに走ってきたときだけだ。ビーチではまるで状況が異なっていた。このときステラが待ったのは、それがステラにとって重要なことで、なぜ待たなくてはならないかを理解していたからだ。新しい環境で、ステラはわたしたちからかなり離れていた。これはわたしにとって、犬も子供も、自分にとって重要なことを最もよく学び、行えるようになるというさらなる証拠になった。リビングルームでわたしたちの姿が見えなくなるまでおすわりさせたあと、ステラを呼ぶという行為には十分な理由はない。ステラは見えなくてもわたしたちが家にいることを知っているし、ただご褒美を待っているだけだからだ。

休暇の二、三日めあたりで、ステラは新しい環境と、いっぱい遊んでお腹を撫でてくれる人たちに慣れてきた。大げさなふるまいで自分だけに注目を集めた。家族全員がダイニングルームのテーブルに集まってお昼を食べていたときのことだ。ステラは一階をうろつき、キッチンにしきりに出入《ではい》りした。食事の途中で、裏口のあたりから「外」という声が聞こえた。みながいっせいに静まり、テーブルを見回し、すぐに人数をかぞえた。全員そこにいる。ステラ以外には誰も「外」と言うことはできなかった。扉にいちばん近い父が椅子に寄りかかり、ステラがドアのそばでじっと外へ行こうと待っているのを見て笑った。「わたしが連れていこう」父は笑いながら言った。「よーし、いい子だ、さあ外へ行こう」ドアから外へ出ていく声が聞こえてきた。

それからその週のあいだずっと、ステラはひっきりなしに「外」「水」「遊ぶ」と言いつづけた。この旅に来るまで、わたしはほかの場所でもステラがボタンを使うのか、それともステラの学習はわが家でだけのことなのかわからなかった。ここでも家にいるときと同じように言葉を使えたことで、わたしは勇気づけられた。ステラが真の、独立したコミュニケーションを行っていることを示す指標がまたひとつ増えた。

「国内で好きな場所に住めるとしたら、どこにする?」わたしは姉たちと母、ジェイクに尋ねた。わたしたちは湖を見晴らすテラスにすわっていた。

ジェイクとわたしは引っ越しについて考えはじめていた。オマハは好きだが、離れる時期が来ていると感じていた。ふたりとも新しい仕事に就く準備ができていたし、オマハには家族の誰もおらず、親しい友人の何人かが去ってしまっていた。いちばん大きかったのは、わたしたちにはまだ満たされていない冒険心があって、その気になればいつも意識に浮かびあがってくるということだった。

言語聴覚士の資格を正式にとったあと、考えたことがあった。学校でのように、用意された中継点を辿っていくというキャリアの段階はもう終わった。変化を求めるなら、自分で中継点を作らなくてはならない。大学や大学院、病院でのインターンの期間は、学校や仕事の都合でつぎに向かう場所を選んでいた。今回は、自分が暮らしたい場所を選んで、それから最高の仕事を見つけたかった。チャンスはいましかない。

「とにかく、水がたくさんある場所がいいな」とジェイクが言った。

「ミルウォーキーなんていいかも。湖岸が美しいの」とわたしは言った。ステラは砂の上にすわり、鼻であたりを嗅ぎながら、湖面の波を見ていた。「ビーチで過ごすのはどう、ステラ? きっと気に入ると思う」

心にかかっている大きなことは、引っ越しのことだけではなかった。ステラのコミュニケーション能力は、すでに最初に想定した到達点を上回っていた。生後四か月にして、ステラはさまざまな環境で、ほかの人々と一緒でも自分から三つの言葉を使えるようになっていた。これはわたしにはかなり強烈なことだった。信じられないほどの学習速度だ。それまではあまりに時間がかかっていると思っていたけれど、振りかえれば、ステラを飼いはじめてわずか二か月で、すでに三つの言葉を話せるようになっている。家のどこにいてもステラの要求が聞こえるし、もう家のなかでトイレをしてしまうことはほとんどなかった。外へ行きたいのだとわたしが推測するまで、ステラが待つ必要はなくなっていた。だがわたしにとっては、ステラがその言葉を学ぶまでの過程のほうが、現時点でその言葉を話せていること以上にすばらしいことだった。

ステラに言葉を教えはじめたときに立てた問いは、**自分の犬を言語聴覚士として介助したら何が起こるだろう、**というものだった。**言葉を発するボタンをどうすれば押させられるだろう、**ではなく。きっと、自分が押させたいときに犬に三つのボタンを押すよう訓練する方法はたくさんあるだろう。だがわたしは、子供たちにしているのとまったく同じ方法でステラに教えた。自分の指示でステラがボタンを押すように教えこまなかった。話したことに対してご褒美はあげなかった。手で前足をつかんで言葉を言わせたりはしなかった。意味を教えることなく、とにかくボタンを押せるように訓練したりはしなかった。そうした方法は、子供たちに言葉を教えるときにも最善ではない。

ステラがこれほど簡単に、早く学べたのも、人々が想像している以上の力が言語療法にあるからだろう。ステラと幼児の前言語的なスキルが似ていることはわかっていたが、言語を使う段階に入ってもやはり同様だった。どうやってここまでたどり着いたかを考えれば、まだはるかに大きな可能性が残されている。子犬と幼児のコミュニケーションの類似性がこの段階まで続くなら、ステラはほかにどんな言葉や概念を学べるのだろうか？　ここでやめてしまうわけにはいかない。これはまだ始まりにすぎない。

オマハに帰ってきたときには、ふたつのことがわかっていた。（1）わたしはここを去り、ほかの土地で新しい生活を始める準備ができている。（2）ステラにはもっと多くの言葉が必要だ。

犬に言葉を教えるためのヒント

・**しっかりと時間をとる。**犬がモデリングやボタンに気づいていることがわかったら、習慣的なやりとりを利用して、話すように促そう。いちばんいい合図は、長く静かな間をとって、ＡＡＣ利用者がそのとき起こっていることを理解し、言葉を試す機会を与えることだ。犬がジェスチャーや発声でコミュニケーションをしていることがわかったら、少なくとも10秒から15秒は黙って待とう。犬がボタンのほうへ歩いていこうとしたり、そちらを見たりしているときは、15秒といわず、もう少し黙って見守る。犬が言葉を話そうとする兆候が見られなければ、自然な合図を与える。

・**犬は独立して言葉を使えるようになるまで、しばらくのあいだ合図を必要とする。**長く時間をとり、ボタンを指ししめし、「何が欲しいの？」と尋ね、覚えかけの言葉を使う補助になるように、ボタンのそばに立つといった行為を続けよう。犬が最初の言葉を話したあとも、自分からいつでも言葉を使えるようになるまでは補助が欠かせない。

・**一般化を促すために、さまざまな状況で言葉をモデリングしよう。**犬は複数の状況で言葉が使われるのを見たり聞いたりすることで、言葉のさまざまな使いかたを覚える。

・**犬は生まれつき意思を伝えようとしていることを忘れずに。**

言葉を話したことに対してご褒美をあげたいという気持ちをこらえよう（犬が「ご褒美」と話したときはべつだ）。それでは言葉の本当の意味を学べなくなってしまう。犬の言葉に適切な反応を示すだけにしよう。

・**要求以外の、ほかのコミュニケーションの機能について考えよう**。犬はものや周囲で行われた行為を名づけたり、起こったことについて話そうとしているかもしれない。

第八章　ソーシャルメディア断捨離

オマハに帰ってきたとき、わたしは元気になり、やる気に充ち、人生を大きく変える準備ができていた。ジェイクとわたしが求めている人生を送るという基準に従って新たに暮らす都市を決めたかった。ふたりとも、仕事はどの都市を選んでも見つけられるだろう。わたしは冒険と心の落ち着き、そして自由な時間が欲しかった。いつもテレビやソーシャルメディアで時間を浪費することなく、休暇を過ごしているときのように心を探究や自由な発想、創造に向けたかった。携帯電話の画面を見下ろすと、アプリのアイコンが赤くなり、通知があると叫んでいた。わたしはやることがないと、いつも考えなしに画面をスクロールしていた。夕食のあとはほぼ毎晩、自動的にネットフリックスをつけていた。これは望んでいた姿ではない。時間の使いかたには意識的でありたかった。以前はこうした習慣を気にしていなかった。そんな習慣があることに気づいてすらいなかった。だが一週間つながりを断っていたいま、わたしは以前のような生活に戻りたいとは思えなくなっていた。

「サンディエゴはどう？」とわたしは言った。ジェイクと作成した、つぎに引っ越す場所の基準を書きだしたリストを見ていた。この日は日曜日で、天気は大荒れだったので、家にこもって将来のことを想像して過ごしていた。**どんな暮らしかたがしたいか。どこへ行きたいか。理想の土地は、どんな場所だろうか。**最も重視していたのはこうした問いだった。「アウトドアで遊べるところがたくさんあるし、まわりにはロードトリップの目的地が多いし、最高の場所でしょ」とわたしは言った。

サンディエゴはわたしにとって天国だった。一年前に友人たちと訪れて、すっかり気に入っていた。旅をしていて、その場所に予定よりも長くいたいと思ったのははじめてのことだった。サンディエゴには求めるものがすべてあった――都市の楽しみ、山々、ビーチ、そして気候は一年を通じて摂氏十五度から二十五度くらい。ほとんどいつでも外に出ると心地よい。仕事帰りにステラをビーチで散歩させ、週末にはハイキングに行ったり、カリフォルニア州内のあちこちへロードトリップに出たりすることを想像した。

「間違いなく上位三か所には入るね」とジェイクは言った。そこでまずはサンディエゴでの仕事を調べてみることにした。

三日後、わたしはサンディエゴで言語療法を行っている会社の社長とオンラインで面談をした。仕事の内容はいまとかなりちがう。言葉の遅れている一歳から二歳の子供だけを相手に、早期療育を行うことになる。いまとは異なり、病院ではなく家庭を訪れて介助する。職業上の好奇心と冒険心がかきたてられた。それに、自分でスケジュールを組めるから、いまより休日も多くとれるようになるだろう。求人広告を見た瞬間に嬉しくなった。

「採用された」わたしはノートパソコンを閉じて言った。

「冗談だよね？」こうと決めたときのわたしの行動の速さに、ジェイクはあきれていた。

「すぐに決めなくてもいいみたい。少なくとも二、三か月はかかることは理解してくれてる。でももし本当にサンディエゴに引っ越すとしたら、この会社に決めた」

転職して引っ越したら、ステラに言葉を教える時間はもっと増えるだろう。休暇から戻って以来、ステラの進歩とこれからの可能性がずっと頭のなかで反響していた。千以上の玩具の名前を覚えたボーダーコリーのチェイサーが現れる以前の調査では、犬は平均して百六十五語を理解するとされていた[19]。だがチェイサーは、犬は考えられていたよりもはるかに多くの語彙を持っているかもしれないと教えてくれた。人間では、受容言語能力と表出言語能力はほぼ等しい。普通は使える言葉よりも理解できる言葉のほうが多いものの、ふたつの能力はたがいの範囲内におおむね収まっている。**ということは、数百語から千語もの言葉を理解できるなら、犬には同じくらいの言葉を話す可能性があるのではないだろうか？**

ステラは言葉を学ぶのがとても早かったが、いまのところ、ステラをサポートすることに時間や精神的なエネルギーをほとんど使えていなかった。職場から帰ってくるのは毎晩八時近くだ。わたしは疲れて腹を空かせ、ゆったりとしたい気持ちになっていた。へとへとの状態でステラを教えていた。もっと多くの時間をステラに費やせたら、どれだけのことができるだろう？　毎日着実に新しい言葉を教えたら、どんなことが言えるようになるだろう？　ステラが学習するのに、いまが最適のときなのに、現在の状況ではそれを生かしきれていないように思えた。ステラが新しい概念を学ぶチャンスを逃したくなかった。できるかぎり、教え、学びつづけようと決心した。ボタンをあと二セット注文し、新しい言葉を導入するのを楽しみにした。

翌朝、わたしはサンルームで腰を下ろし、二階でシャワーを浴びるまえのわずかな読書の時間を楽しんでいた。リビングルームからステラの首輪と玩具が鳴る音が聞こえてくる。遊びながら走りまわっているのだろう。ステラは少し成長し、ひとりで楽しむことができるようになっていた。

音が止まった。何かをしている音がするより、静かなほうがずっと気になる。何かに夢中になっているかもしれないし、家のなかでトイレをしているかもしれない。わたしは本を閉じ、確認に行こうとした。まもなく、ステラはサンルームに飛びこんできた。扉のところで止まってわたしに吠えた。

「どうしたの」

ステラは鼻の穴を広げている。大きく息を吐いてまた吠えると、リビングルームに走って戻っていった。どこへ連れていこうとしているのだろうと思いながらついていった。ステラは部屋の真ん中で周囲を見渡し、それからわたしを見た。

「遊ぶ？　ステラ、遊びたいの？」わたしはステラのボタンで「遊ぶ」と言い、玩具をステラのほうに投げた。

興味がなさそうだ。部屋の真ん中で立ったまま動かない。「遊ばないのね？　わかった」

わたしはサンルームに戻り、また本を読みはじめた。だがようやく二文ほど読んだところで、リビングルームから引っかくような音が聞こえてきた。走って見にいくと、ステラはカウチの下の床に前足を突っこんでいる。

「その下に何があるの、ステラ？　手伝ってほしい？」わたしは床に寝ころがり、カウチの下に腕を伸ばした。ステラはわたしの腕の脇に鼻面《はなづら》を押しあてている。だが何も見つからない。わたしはカウチの裏にまわってしゃがんだ。携帯電話の懐中電灯をつけ、カウチと壁のあいだの暗いところを照らした。ピザの形をしたぬいぐるみの端がカウチの後ろからはみ出ている。「そもそも、なんであんなに奥まで入れることができたの、ステラ？」

それを引っぱりだすとすぐに、ステラはわたしの手から取り、カウチの上に乗って幸せそうに噛みはじめた。

ステラは玩具をカウチの下に滑りこませてしまい、助けを必要としていた。わたしはステラが何で遊んでいたのかも、何が起こったのかも見ていなかったので、何を探せばいいのかわからなかった。こんなときに、ステラが「助けて」と言えたら、かなり話は早くなる。注文した録音可能アンサーブザーが二セット着くと、わたしは考えた。ステラはジェスチャーや発声で何を伝えようとしているか。習慣的な行動をしながら、どんな言葉でよくステラに話しかけているか。要求以外のコミュニケーションができるようになるには、どんな言葉が必要か。さまざまな状況で使える言葉は何か。

AACでは、言葉の選択が大きな意味を持つ。子供たちが話せるようになるのは、こちらがプログラムし、使えるようにした言葉だけだ。言葉には、核語彙と周辺語彙というふたつのカテゴリーがある。核語彙とは、コミュニケーションで頻繁に使われる語だ。さまざまな集団や状況の言語使用のサンプルを分析した調査によって、わたしたちが話すあらゆることの八割は三百から四百語で成り立つことがわかっている。[20] 核語彙の多くは、動詞、形容詞、代名詞、副詞、前置詞だ。AACシステムは、はじめに核語彙を教えるように設定することで高い効果が得られる。「なぜなら、それによってごく少ない語彙数で幅広い概念を表現できるからだ。話し言葉を構成するのは大半が核語彙であるため、核語彙に集中すれば、自然な環境で同じ言葉を一日中何度も聞くことができる」[21] 核語彙を使って学習すれば、コミュニケーションに成功する可能性が高まるわけだ。

核語彙とフレーズのボタンを六つ加えることにした。「来て」「ノー」「好きだよ」「助けて」「バイバイ」「食べる」わたしたちはステラにいつも「来て」と言っていた。これでステラは、ほかの部屋にいるわたしたちを呼びたいときに「来て」と言えるようになる。ステラがわたしたちの持ち物を嚙んでいたり、望まないことをしたときは「ノー」と言っている。ステラも、嫌なことをされたときには「ノー」と言うことができて当然だ。コミュニケーションは双方向なのだから。ステラが快適で幸せでいられることがわたしには重要だった。ジェイクとわたしはいつも、ステラを抱きしめたり、お腹を撫でたり、「好きだよ」と言って頭にキスをしたりする。ステラにもわたしたちへの、あるいはほかの人たちへの愛情を表現できるようになってほしい。玩具がどこかに挟まるとか、あるいはもっと深刻なことが起こったとき、「助けて」という言葉は役に立つだろう。わたしたちは仕事に出かけるたびに、何度かステラに「バイバイ」と言う。平日わたしたちが出かけるのは、ステラにとって習慣になっていた。そのときに話す言葉を与えたかった。また、ステラはすでに「食べる」という言葉を理解していた。朝や夕方のエサを与えるまえ、わたしたちはいつも「食べる」と言う。するとステラは唇をなめ、容器のところへ走っていく。できればわたしたちがステラの習慣を作るのではなく、いつエサを食べたいかを自分から伝えてほしかった。昼間はもっと早くからお腹を空かせているのかもしれないし、与えられたときにはあまり食べたくないかもしれない。その答えは、ステラが自分で話せるようになるまでわからない。

語彙のうち残りの二割をなす周辺語彙は、特殊な状況を表現するものだ。その多くは、通常ひとつのものだけを表す名詞だ。正確に意思を伝えるには、誰でも核語彙と周辺語彙の両方を必要とする。AACの利用者が一日を通じてコミュニケーションを行えるようになるためには、多くの核語彙と少しの周辺語彙による確固たる語彙力を確立しなくてはならない。周辺語彙は、学習者がより特殊なことを伝えられるようにあとから加えることができる。「遊ぶ」は核語彙のひとつだ。それによってすべての玩具やゲームについて語ることができる。一方「ボール」や「玩具」は周辺語彙だ。「食べる」は核語彙で、すべての食べものや食事について語ることができる。一方、「朝食」や「夕食」、「ピーナッツバター」は周辺語彙だ。ステラは普段、「夕食」という言葉よりも「食べる」という言葉を聞くことのほうがはるかに多い。

周辺語彙をひとつ加えることにした。「散歩」だ。わたしたちはほぼ毎晩、夕食のあとステラを散歩に連れていく。ステラにとってかなり楽しみな、一日の重要な部分だ。多くの犬と同じように、散歩に行きたいかと尋ねるたびにステラはかなり興奮する。吠え、飛びはねて周囲をまわり、わたしが靴を履き、リードを取るかヘッドフォンをつけるまであとを追いかけまわす。あらゆるコミュニケーションの手段を使って、散歩に行きたいと訴える。ステラには、わたしたちがこの大好きな言葉を口にするのを待つのではなく、自分から散歩に行きたいと言えるようになってほしかった。

いまのところは、ステラが話せる言葉の数をそれほど気にしたくなかった。語彙をしっかりと選べば、ほとんどのことは核語彙で伝えられるようになるだろう。ステラが学べるはずの言葉すべてをボタンにして、数百から千個も並べることに意味はない。子供たちはデバイスで数千の言葉に触れられるが、使うのは一般的な三、四百語ばかりだ。AACシステムでは、最初のページに核語彙が配置され、周辺語彙は二ページめか三ページめにあるのが適切とされる。こうすれば、頻繁に使う必要のある言葉が簡単に見つけられる。

ステラは新しいボタンをすぐに押してみるだろうか。それとも気づくまでしばらくかかるだろうか。モデリング期間はひと月くらいだろうか。それともはじめての言葉だからもっと時間がかかるだろうか。新しい語彙の珍しさに影響され、以前からの言葉を使うことが減るだろうか。こうしたたくさんの問いを抱え、探究を始めるのが楽しみだった。

六つのボタンに新しい言葉を登録し、それぞれの置き場所を決めた。エサの容器のすぐ脇に「食べる」を、玄関の隣に「バイバイ」を設置した。「来て」「ノー」「好きだよ」「助けて」はリビングルームのテレビ台に近い床にした。

「ステラ、来て」わたしは口で言い、新しい「来て」のボタンを押した。

ステラはわたしのところへやってきた。

「見て」わたしは四つのボタンをひとつずつ指さした。「これからは『来て』『ノー』『好きだよ』『助けて』って言えるんだよ」そう言いながら、ひとつずつボタンを押していった。ステラはわたしの脇に立っていた。そしてわたしの顔をなめてはブザーを見た。

新しいボタンの最適な設置場所を決めたら、そこから動かさないようにした。そうすれば何かを言いたくなるたびにボタンの場所を探すより、早く言葉を覚えられるだろう。

AACのシステムが最大の効果を発揮するのは、動作を体で覚えやすい（運動学習しやすい）ように設定されたときだ。[22] 語やフレーズがデバイスの同じ場所にいつもあれば、利用者は意識しなくても使えるようになる。それと似ているのがキーボードのQWERTY配列だ。もしもキーボードごとに文字の配列が異なっていたら、文字を探しながら打ちこまなくてはならない。だがキーはいつも同じ場所にあるため、入力するとき、意識しなくても指が打つべき場所を知っている。文字入力をしながら、どこに文字があるかを考える必要はない。言葉でも文字でも、探していたらコミュニケーションのための精神的エネルギーが削《そ》がれてしまう。

ステラのお気に入りは最後にとっておいた。「散歩（walk）」という言葉を青いブザーに吹きこむとき、最後の「k」の音が消えてしまって何度か声を張りあげなくてはならなかった。大好きな言葉が何度も聞こえたので、ステラはわたしのところに走ってきた。ようやくきちんと録音できると、リードが吊されている玄関脇のフックの下に「散歩」のボタンを設置した。

「ほら、ステラ。散歩だよ！」わたしは数回連続でボタンを押した。ステラはブザーの上のあたりをうろうろしている。そして首を左に、それから右にかしげた。しっぽを振り、わたしのほうを見た。

「楽しみ？」わたしはしゃがんでステラと目線の高さを合わせた。ステラはわたしの顔を何度もなめ、また新しいボタンのほうへ顔を向けた。ステラは右の前足を上げ、それを下ろして「散歩」と言った。設定をしてから、わずか一分後のことだった。

「散歩に行く？　わかった、行きましょ」

ステラは吠えてから、わたしが靴を履き、ヘッドフォンをつけるのを見て微笑んだ。「散歩」とわたしはもう一度口とボタンで言った。「さあ、行きましょ」

ほかの語彙と「散歩」にこれほど明確な違いがあるのは面白いことだった。ほかの言葉は、「食べる」でさえ、こんなにすぐにボタンを押すことはなかった。ほかの言葉をモデリングしているときは、そばにいても「散歩」ほどには興味がなさそうだった。これほど興奮してボタンを押すということは、わたしが設定するずっとまえから「散歩」と言いたかったのかもしれない。

翌日、ジェイクとわたしは仕事で疲れて夕食の席についていた。わたしは手紙や書類その他を椅子の上に置き、料理を置く場所を作った。ステラはリビングルームで寝ころがって、噛む玩具をしゃぶっている。わたしはくつろいでおいしい料理をワインとともに静かに食べようとしていた。食事を始めて二分ほどしたとき、「散歩、散歩、散歩、散歩」という声が聞こえてきた。ステラは部屋の隅から顔を出し、自分の要求に対する反応を確認している。

「いまは散歩しないよ、ステラ。食べているところなの」わたしは笑った。

ステラはわたしから目を離さず、やがて吠えた。

「聞こえているわ、ステラ。あとで散歩に行きましょ」

ステラの姿が消えた。数秒後、「散歩、散歩」という言葉と吠える声が聞こえてきた。

『散歩』と言えるようになってまだ二日めなのに。すごく興奮してる。いま散歩に連れていって、戻ってからあらためて食べようか」とわたしは言った。

ジェイクは笑みを漏らした。「よりによってこんなときに覚えたての言葉を話すなんて。行こうか……」

新たに七語を増やした三日後には、ステラはこちらから合図を出さなくても一日中「散歩」と言うようになっていた。散歩が好きなのはわかっていたが、これほど頻繁に行きたがるとは思わなかった。また、「散歩」という言葉を覚えたことで、「外」と言う回数が減った。トイレに行きたいときは相変わらず「外」と言うものの、頻度が変わったということは、これまでステラが「外」と言っていたうちの何度かは、散歩に行きたかったのかもしれない。いままではそれをちがう言葉で言い分けることができなかったのだ。

　ステラはまだほかの新しい言葉を使っていなかった。いちばん惜しかったのは、玩具が跳ねてテレビ台の脇に置いたボタンのあいだに飛んでいったときだった。玩具を前足でつつき、偶然「好きだよ」のボタンを押した。ステラは首をかしげた。「好きだよ」という言葉を聞いて驚いたようだった。

「好きだよ、ステラ！」わたしはステラの額にキスをして耳の後ろを撫でた。ステラはわたしの顔をなめた。前足で玩具に触れようとしてうっかりボタンを押してしまったのだが、意図的に話したのと同じように、いつも反応することが大切だ。それが言葉の意味を理解する助けになる。ステラが間違えて「好きだよ」と言ったのを無視すれば、「ボタンを押して『好きだよ』と言ったが、何も起こらなかった」ということを学んでしまう。それではのちにはっきりと意図してそのボタンを押す可能性が下がってしまう。ステラは今回、「『好きだよ』というボタンを押したあと、撫でてもらえた」ということを学んだ。

　偶然や間違い、試しにボタンを押してみること。こうしたことはいずれも、ＡＡＣの利用者が語彙を増やすいい機会になる。[23]言葉を話したあと、わたしたちが適切な反応をするのを見る回数が多ければ、それだけステラはその言葉の意味を早く学べる。職場で子供がデバイスで言葉を話したときは、たとえほかのことを言おうとしていたり、間違ってボタンに触れたりしたのだとわかっていても、かならずその言葉に反応する。打ち間違いには大きな価値がある。学習者が自分の言った言葉を聞き、相手の反応を見れば、それが自分が言いたかったことなのかどうかを考える機会になる。自分の意図とちがっていたら、べつの言葉を試してみればいい。そうすれば複数の言葉に対する反応を体験できる。

ジェイクとわたしはサンディエゴへの引っ越しを決めた。わたしは早期療育の仕事に就き、ジェイクはいくつかの求人から転職先を選ぼうとしていた。職場に退職届けを出し、カリフォルニアのアパートメントを探しはじめた。遠方への引っ越し準備でやるべきことはたくさんあったので、いまこそ自分を縛ってきた悪習から離れるときだと思った。

休暇から戻ってひと月ほどの七月の終わりには、過度につながった世界から離れようというアイデアはまだ想像だけにとどまっていた。考えなしにソーシャルメディアのページをスクロールし、暇な時間はいつも意図もなくぼんやりと過ごす習慣に戻っていた。高校時代からずっと、少なくともひとつのソーシャルメディアに毎日ログインする生活を続けていた。ソーシャルメディアは生活にしっかりと組みこまれており、習慣性が高い。これまでわたしは、自分はそれをしたいのかと問うこともなく、ただしていた。けれども、オンラインで過ごしたあと、爽快な気分が味わえることはほとんどなかった。今後は話すこともないだろう人々の考えやアイデア、写真で脳をいっぱいにしている気分だった。健全なはずがない。何かいいことがあるようにはとても思えない。わたしはそこからきっぱりと離れたら、どんな気分だろうと考えるようになった。何かを失ったと感じるだろうか。友人に大きな出来事があったとき、どうやって知ることになるだろうか。友人や家族に写真を見せたいときはどうすればいいだろうか。

仕事が終わったあとのある晩、ジェイクは二階から降りてきて、自作の木製テレビ台からわたしが五十インチのテレビを外しているのを見つけた。

「うわ、何をしてるの？」

「テレビを外してるのよ。それに、ソーシャルメディアのアプリは携帯電話から全部消しちゃった。時間を無駄にするのはもうやめる。〝ソーシャルメディア断捨離〟よ。試しに、テレビを地下に置いてみましょうよ。運ぶの手伝ってくれる？」

「ちょっとやりすぎだと思わない？　テレビを観なければいいだけだろ」ふたりとも、夜のテレビ番組を観るのが好きだった。

わたしたちは妥協した。テレビはテレビ台の裏に置くことになった。そうすればわたしの視界には入らず、気が変わったときはすぐに戻せる。

携帯電話からかなり多くのアプリを削除したことで、重要なことに気づいた。アイコンの配置は大きく変わった。そのため画面を見て目当てのものを探さなくてはならなくなった。アプリはかなり減り、ホーム画面も三つからひとつになったのに、探す時間が長くなった。アイコンを視認するよりも体で覚えた動きのほうが強いことを示した研究もある。[24]いままでは、よく使うアプリがどこにあるかなど考えたこともなかった。指が勝手に動いていた。設定を変えてこうした経験をしたことによって、言葉の位置を変えないことがAACの利用者にとっていかに大切かということがわかった。

そしてそれ以上に、ソーシャルメディアをやめてテレビを観なくなって数日で、すでに大きな違いを感じていた。一日の終わりにも元気が残っていて、空き時間のたびに何かをするという習慣をやめるだけで多くの時間が得られるとわかったのは嬉しかった。他人の考えで頭がいっぱいになっていないから、自分の考えに耳を傾けることができた。

犬に言葉を教えるためのヒント

・**どの言葉を教えるか決めるときには、こう問おう。**自分の犬は身振りや発声で何を伝えようとしているだろう？　習慣的な行動をするときに、犬によく言っている言葉は何だろう？　どんな言葉があれば、要求以外のコミュニケーションができるようになるだろう？　いくつかの状況で使われる言葉は何だろう？

・**周辺語彙よりも核語彙を中心に構成しよう。**コミュニケーションの可能性を最大化し、あとでより複雑なことが話せるように、頻度の高い言葉を教えよう。

・**ボタンの場所を動かさない。**言葉を学ぶときは、誰もが運動学習の原則に従っている。口で話す場合はそれぞれの音や言葉を、手話の場合はそれぞれの手の動きを、ＡＡＣの場合は言葉の位置を体で覚える。言葉の位置がたえず変わると、犬は混乱してしまう。いい場所が見つかったら、そこから動かさないこと。

・**新しい語彙のモデリングをしよう。**言葉を追加したときは、かならず適切な状況でモデリングしよう。

・**偶然や間違い、試しにボタンを押したときにも反応しよう。**犬がボタンを偶然押してしまったとか、ほかのボタンを押そうとしていたとはっきりわかっているときでも、犬が言った言葉に反応しよう。それは高い教育効果を発揮する。それに、犬が言った言葉やそのタイミングに驚かされることもある。犬が意図的に意思疎通できるようになるためには、犬のメッセージがいつも意図的であるかのように反応するべきだ。

・**犬が確実に知っているよりも多くの言葉を教えよう**。それが言葉の成長と探究につながる。

第九章　さようなら、オマハ

たいていの人は、もし犬が話せたら、ひたすら「食べる」と言いつづけると思うだろう。だがステラはそうではなかった。

食べものを要求するほかにもたくさんのことを話したがっているとわかってはいたが、驚いたことに、新たに設定した言葉のなかで最初に使いはじめた言葉は「食べる」ではなかった。「食べる」は、言葉とそのあとで起こることが最もたやすく、強く結びついているだろうと思っていた。最初に教える言葉にあえて「食べる」を入れなかったのは、それが主な理由のひとつだった。食べものと言葉の結びつきが強すぎて、食べものやご褒美を要求する以外の理由で話す能力が育たないのではないか。あるいは、自分のボタンはすべて、単にもっと多くの食べものをもらうためのものだと考えるだろうと思ったのだ。だがそれは大きな間違いだった。ステラは食べもの以外にも、多くの活動や周囲の環境について伝えようとする動機や願望を持っていたのに、わたしはそれを過小評価していた。

ステラがすぐに「食べる」と言うようにならなかったので、わたしは自分がそもそもなぜそう考えたのかを自問した。たしかにステラは食べることが好きだが、ずっと容器のそばにすわり、それを前足でつついてばかりいるわけではない。非言語的にも、いつも食欲のことを伝えているわけではないのに、どうして「食べる」という言葉を覚えればそればかり言うようになると考えたのだろうか。ステラは食べもの以外にもはるかに多くのものに興味を持ち、駆りたてられている。外に出て、散歩をし、わたしたちと遊び、褒められるのが大好きだ。食事のとき以外も、わたしたちがすることをじっと見ている。それに犬らしく、ステラは食べる欲求以外にもはるかに多くのことを非言語的に、あるいは声で伝えている。

ステラが「散歩」のつぎに覚えたのは「バイバイ」だった。ジェイクとわたしは家を出るときにいつも、「バイバイ」とステラに言っていたので、聞いた回数はかなり多かった。ステラには家を出るわたしたちに「バイバイ」と言い、その直後にかならず起こる出来事を認識できるようになってほしかった。子供たちが最もよく言葉を学べるのは、いつもの活動と結びつけられたときだ。ルーティンは予測しやすく、頻繁に起こり、機能的だ。[25]ステラも日常生活に規則性を取りいれながら成長してきたから、子供と同じことが当てはまるかもしれないと考えられた。それに、「バイバイ」という言葉を導入したかったのは、それがステラにとって新たな語彙のカテゴリー、社会的な言葉だったからでもある。幼児は早い段階で、「こんにちは」「バイバイ」「あれれ」「お願い」「ありがとう」といった社会的な言葉を使うようになる。社会的な言葉は、名詞や動詞とともに、幼児の発声にかなり多く含まれる。

ある土曜の晩遅く、中西部ではよくある、家に遊びにきていた友人たちとの別れの場面があった。中西部の別れでは、実際に帰ると告げるまえに少なくとも二十分から三十分の過程があって、それをもう一度繰りかえし、また最初から話し、それから玄関にたどり着くまでにさらに十分ほどかかる。全員が集まり、すでにさよならのハグを交わしていたが、まだ会話は続いていた。ステラは、わたしたちと遊び、ちやほやされ、普段寝る時間をはるかに過ぎても、まだ起きていた。ステラはカウチから飛びおり、わたしたちの輪のなかに入ってきた。そして全員を見上げ、前足を上げて、「バイバイ」と言った。ステラは振りかえり、友人たちのほうを向いた。

全員が驚いてわたしたちを見て、それからステラを見下ろした。「わたしたちにもう帰ってほしいのね、ステラ。バイバイ」友人のひとりが言った。「犬が『バイバイ』なんて信じられないな。これはすごいよ」とべつの友人が笑いながら言った。

友人たちが去ると、ステラはガラスのドア越しに彼らが歩いていき、車に乗りこむのを見ていた。それからまたカウチに飛び乗り、丸くなって眠ってしまった。ステラがもう眠りたいから帰ってほしいと思ったのか、それともまもなく起こることを知っていてそう言から起こることについての思いを伝えたことは興味深いことだった。ステラがまたひとつ言葉を使いはじめ、これったのかはわからない。だがいずれにせよ、ステラがまたひとつ言葉を使いはじめ、これから起こることについての思いを伝えたことは興味深いことだった。

ステラはリビングルームのカウチの後ろに立ち、大きな一枚ガラスの窓から外を眺めるのが好きだった。その場所からは、家の前で起こっているあらゆることが一望できた。リスが木を登っていくのを見れば鳴き、知らない人が歩道を歩いていると吠え、家の車のうち一台がドライブウェイに停車すると飛び跳ねた。わたしがキッチンにいると、ブラインドが窓に当たる音が聞こえた。急いでリビングルームに行くと、ステラが閉じたブラインドを繰りかえし前足でつついていた。それは窓の外が見えるようにブラインドを上げてほしいというジェスチャーだった。

わたしはカウチの後ろにいるステラのところに行き、自分の手でブラインドを触った。そして「助けて」と言い、一、二メートル歩いてステラのボタンでも「助けて」と言った。ブラインドを上げると、さらに何度か「助けて」と言い、上がっていくブラインドをステラの視線が追うのを見た。ジェスチャーの真似をしたのは、ステラの要求を理解していることを示すためだ。それから、そのジェスチャーと組み合わせるべき言葉を話してみせた。

AAC利用者との言語療法のセッションでは、デバイスで話された言葉以外にもあらゆる形のコミュニケーションを読みとり、受けいれる。読みとって反応するコミュニケーションが多ければ多いほど、学習者はたくさんのことを伝えられる。子供が自分の欲しいものを指さしたら、わたしもそれを指さし、それから言うべき言葉をモデリングする。子供が伝えようとしていることを見て、理解したことを伝え、それから「欲しい」「取る」「助けて」など、その状況で言うべき言葉を自分で話し、子供に教えるようにしている。

赤ん坊に対しては、これと同じことがごく自然に行われている。赤ちゃんが手を振れば、あなたはおそらく本能的に手を振りかえし、「バイバイ」とか「ハイ」と言うだろう。赤ちゃんが手を叩いたら、自分も手を叩いて声を出すだろう。気づかないうちに赤ちゃんのジェスチャーを見て、意味を連想し、自分で繰りかえすことでジェスチャーを強化し、そのジェスチャーに合う言葉をモデリングしているのだ。このように意識的にあらゆる形のコミュニケーションを読みとり、それに反応し、つぎのレベルのモデリングをすることは、言葉を教えることの中心をなしている。

「助けて」は多くの場面で使える核語彙なので、ブラインドを上げたり、ステラの玩具を探したり、ハーネスをつけたり、食器を動かして下に残っていたエサを見つけたりするといった、いくつかの状況でモデリングした。さまざまな方法でモデリングすることは、その言葉が使われる状況はひとつではないと理解させるために有効だ。

ステラは六つめの言葉、「助けて」を、玩具がカウチの裏に落ちたり、テレビ台の下に転がっていったりしたときなど、一日に何度か言うようになった。はじめは、ただ「助けて」と言うだけでジェスチャーはなかった。それでは助けを必要としていることはわかるものの、ジェイクやわたしが見ていなければ、玩具がどこへ行ってしまったのかはわからなかった。ステラはわたしたちが周囲や、カウチやテレビ台の下を探しているのを見ていた。そして、なくした場所に近づくと隣でしっぽを振った。だがやがて、ステラは自分で「助けて」という言葉とジェスチャーを組み合わせ、探してほしい場所のそばに立つようになった。効率的に玩具を探すには、より多くの情報がいることを学んだのだ。

ネブラスカ州からカリフォルニア州までの二千五百キロを超える引っ越しの準備を本格的に始めるとすぐに、出発までに持ちものをかなり減らす必要があるとわかった。二階建て四部屋の家具と持ちものすべてをカリフォルニアの小さなワンルームに持っていくことはとてもできない。わたしたちは引っ越しの戦略を練った。ユーホールの引っ越し用トレーラーの後部に車のうち一台をつなげて、山々や国立公園を訪れながら移動する。あるいは、持ちものは箱に詰めて発送するか、六メートルの巨大コンテナでサンディエゴまで運んでもらう。数日かけて選択肢を検討したが、ふたりとも、満足のいく解決策にはたどり着けそうにないと感じていた。どれも費用が高すぎ、計画を練るだけでもかなりの時間がかかる。どうすれば引っ越し先の小さなアパートに移れるのか、見当もつかなかった。

「自分たちの車二台に載るだけの荷物を持って移動して、向こうで新しい家具を買ったら？」とグレースが言った。

完璧なタイミングの助言だった。ジェイクとわたしはちょうど、少ない持ちもので暮らすことをテーマにした『ミニマリズム：本当に大切なもの』というドキュメンタリー映画を観たばかりだった。ミニマリズムとは、自分にとって最も高い価値を持つものへの意識を高め、そこから気持ちを逸らす、多くは物質的なものを捨てることだ。[26] 不要なものを手放すことで、創造性や心の平和、存在意義を高めることができる。それがミニマリズム運動の創始者たちの教えだ。

この発想を知って、多くのものを持っているといつもそれに意識を向け、維持しなければならないことに目を開かれた。人生のつぎの段階に進んだときにもずっと持ちこし、何も考えずに増やしつづけてきた不必要な所有物をすべて捨てるなど、想像したこともなかった。これは新たなスタートを切り、役に立たなくなったものを手放す大きなチャンスだ。それから、新しい部屋に収まる家具と装飾を選べばいい。

ジェイクははじめ、尻込みした。「ものを捨てたって、またすぐ買わなきゃならなくなるよ」だが、運ぼうとしているものを売ったらいくらになるかを計算して考えを変えた。おまけに、運搬にかかる費用はそれ以上だった。「決めた。こっちで売って、そのお金で新しい家具を買おう」

ミニマリズムがわたしたちの合言葉になった。わたしにとっては人としての成長への新たな挑戦であり、ジェイクにとっては現実的で財政的に健全な決定だった。それからひと月、空き時間はすべて、これまでに溜めこみ、何も考えず何年も持っていたものと対峙《たいじ》することに費やされた。わたしは少ないもので暮らし、手放すことに関するポッドキャストやブログ、本をつぎつぎに読んだ。お勧めどおり、大学の教科書や古いDVD、着なくなった服、以前のルームメイトの食器といった簡単なものから始めた。持っていることすら覚えていなかったがらくたが目の前に現れた。それから、気持ちの面で価値のあるものについて考えなおしてみた。旅先で買い集めたアクセサリーや高校時代のお気に入りのTシャツに、友人や家族からのプレゼントだが、数年経って使い道のなくなってしまったもの。手放したくないという気持ちになるたびに、これを持っていたら人生に新しいものは何も入ってこないし、好きなものの価値を味わうこともできないと自分に言い聞かせた。

家のなかのさまざまなものや家具、服を箱や袋に詰めて、リサイクルショップのグッドウィルに車八台分を持ちこんだ。テレビ、カウチ四台、椅子、テーブル、電化製品、装飾品をフェイスブックのマーケットプレイスとクレイグスリストで売った。仕事のあとには毎晩三、四人、売りものを見に家に訪ねてきた。ものが減っていくにつれ、少しずつ心が穏やかになっていった。何もない壁が見えてきて、服はクローゼットにすべて収まり、タッパー類の山をひっくり返さずに水筒が取れるようになり、硬材の床や家の構造の美しさが目立ってきた。グッドウィルにものを売りにいくたびに、心も家も軽くなるようだった。

もうこの乱雑なものをしまう場所のことを考えなくてもいいのだ。自分を解き放っているようだった。こんなにもたくさんのものを持っていたのかというショックから、それらをすべて手放す安心感へと心は大きく揺れた。

ステラは居心地がよくなさそうだった。目の前で家のなかが引っかき回されているのだから。ひとつ家具を運び去るごとに、ステラは部屋で茫然《ぼうぜん》と立ち尽くしていた。ジェイクと友人たちがカウチを運びだしたときは、家から飛びだしてしまわないようにステラについていなくてはならなかった。ステラは空っぽのサンルームに歩いていって、カウチがあった場所で鳴いた。それから部屋を出て廊下を曲がると、「ノー」と言った。とても悲しげな目でわたしを見て、それから床に置かれた空の買い物袋の上で体を丸めた。ステラが「ノー」と言ったのはこれがはじめてだった。それはもうカウチがないと言いたかったのかもしれないし、小さいころからずっと寝ていたカウチが突然消えたことに困惑したのかもしれない。わたしたちの行為への抗議かもしれない。ステラはわたしが思っていた以上に家のなかのものを意識し、愛着を抱いていたらしい。

ジェイクとわたしは忙しく家のなかを駆けまわり、持っていくものの荷造りをし、空になった棚を掃除した。ゆっくりと休む時間はほとんどなかった。

ある午後、わたしは二階で音楽を聴きながら、クローゼットのリネンを出していた。ステラはしばらく一緒にいたが、数分前に一階に降りていた。ステラの音が聞こえるように、音楽のボリュームを少し下げた。

「来て、来て」という声が聞こえた。

降りていくと、ステラがリビングルームにいた。わたしを見るとすぐ、玩具に飛びかかり、走って逃げた。一階で一緒に遊ぶためにわたしを呼んだらしい。

そのあと、ジェイクと一緒に地階で箱をより分けた。

「来て」また声が聞こえた。すぐに、ステラが階段の上から顔を覗かせた。

「上がってきてほしいの？」

階段を上がっていくと、ステラはしっぽを振った。すぐに寝ころがり、お腹を撫でてほしいとアピールした。

「そのために上に来てほしかったんだ」ジェイクは笑った。

そばにいてほしいと伝える方法があるのはいいことだ。とりわけいまは、ジェイクもわたしもひとつの場所にあまり長くいることはできないのだから。ステラはついてきて近くで遊ぶか、わたしたちがしていることを見ている。でもときには、わたしたちにそばに来てほしいと思うこともある。わたしはずっと、ステラを呼ぶときにはいつも「来て」という言葉をモデリングしていた。わたしが「来て」と言いながらボタンを押すことで、ステラはわたしたちを呼ぶときにもそう言えばいいのだと学んでいた。印象的で興味深かったのは、わたしたちがステラから見える位置にいると、一緒にゲームをしたいときは「遊ぶ」と言うことだった。だがステラを意識していなかったり、見えないところにいると、自分のところに呼ぶために「来て」と言う。わたしたちが見ているときや、望みどおりの場所にすでにいるときには、決して「来て」とは言わないのだ。状況による言葉の使い分けを観察することで、ステラがそれぞれの言葉をどう理解しているかという重要な情報が得られた。ステラが「遊ぶ」やそれに類する言葉と同じ状況すべてで「来て」と言っていたら、言葉ごとの意味の違いを理解しているのかどうかを知ることはむずかしかっただろう。

それぞれの言葉の使いかたを観察すれば、ボタンのそばでクイズを出すよりもはるかに的確に言語能力を評価することができる。『来て』はどこ？」「『遊ぼう』はどこ？」と尋ねて正しいボタンを選べることを確認しても、意思疎通に使えるかどうかはほとんどわからない。それはまったく異なる能力なのだ。誰かに「キーボードのどこにGのキーがあるか言ってみて」と尋ねるとする。Gのキーが二列めの真ん中あたりにあると知っていることは、Gが使われる言葉やその正しい綴りを知っていることとはちがう。だから「『来て』はどこ？」と尋ね、ステラが「来て」のボタンを押したとしても、「来て」という言葉を知っているかどうかや、使いかたがわかっているかどうかは判断できない。そのボタンの場所を記憶していることと、その特定の質問に答えるよう訓練されている可能性が高いということしかわからない。ステラの言語習得を評価するには、言葉をどんな場所や状況で、どんなジェスチャーとともに使い、通常どんな行動をするかを追跡するほうがはるかに有効だ。AAC利用者の言語能力を評価するには、彼らのコミュニケーションの型を分析するべきなのだ。

ステラが「散歩」「バイバイ」「助けて」「ノー」「来て」の五つを話しはじめたあと、わたしは意識してエサをあげるまえに間をとるようにした。うっかりすると、行動はすぐに自動的に行われるようになり、ついでに言葉を促すのを忘れてしまう。意思疎通を始めたばかりの相手には、代わりに話してあげるのではなく、自分で話す機会を与えなければならない。ある朝、ステラが起きて、食べものの容器を通りすぎて自分の唇をなめたとき、わたしは黙っていた。ステラはダイニングルームを横切り、エサが入っている引きだしのにおいを嗅いだ。そして容器のところへ戻ると、「食べる」と言い、振りかえってわたしを見た。

「ステラ、食べる。そうよ。さあ食べましょ」

わたしがエサを容器まで運んでくるのを見て、ステラは唇をなめてしっぽを振った。その晩、ステラはいつもエサを与える時間の十分前にまた「食べる」と言った。新しい言葉のうち「好きだよ」以外を適切な状況で自分から言えるようになっていた。

話せる言葉が増えても、以前からの語彙を使わなくなってしまうことはなかった。ステラは一日の活動についてたくさんのことを伝えはじめた。二セットめの言葉を導入したとき、ステラはボタンを押してみて、わたしたちの反応を観察することで学んだ。家を空っぽにして引っ越しの準備をする忙しさもあり、モデリングの回数は最初の言葉を教えたときよりもかなり少なかった。ところがステラにはたしかな基礎ができあがっていて、自分で学びつづけることができた。ステラはボタンがコミュニケーションのためのものだと知っていた。言葉を聞いて、何度か自分でそれを言ったあと起こったことを見ているだけで、自信を持ってその言葉を使うようになった。

引っ越しが近づき、家はさらにがらんとしていった。自分たちの声が部屋に響くようになり、残っているものはステラのボタンと玩具、ベッドだけになった。あと数日の遊びのために、お気に入りのボールとぬいぐるみ、ロープの玩具だけを残して、それ以外はスーツケースに入れた。スーツケースのファスナーを閉めていると、ステラは「助けて」と言い、ひざの上で体を丸めた。ステラは自分の持ちものが詰めこまれるのを見てから、わたしのそばにぴったりとついているようになった。わたしたちがいなくなってしまうことを心配していなければいいのだが。落ち着かないステラを見るのはつらかった。ステラは何が起こっていると思っているだろうか。何が起こっているかを知っているわたしですら不安なのだ。自分の習慣が崩れ、わたしたちの持ちものが理由《わけ》もわからず消えていくのを見て、ステラが何を感じているかは想像もできなかった。新しい家具がある新しい家に移って、玩具も全部すぐに戻ってくるとステラに伝えられたらいいのに。

ひと月半もかかって、棚やクローゼット、部屋にあふれていたたくさんのものはすべて、スーツケースといくつかの箱に収まって鉢植えとともに玄関脇に積みあげられた。とてつもない重労働だった。

ベッドに入ると、胃がきりきりと痛んだ。明日の朝には車に乗りこんで、ここで築いた生活すべてを置いて去ることになる。慣れ親しんだ、心地よいオマハ。道は知り尽くしているし、お気に入りのレストランやバー、植木屋もある。仕事のつながりがあり、頼りにできる人々がいる。ジェイクともここで出会った。仲のいい友人のグループができたし、イリノイ州まで車で帰って家族に会うのもすぐだ。わたしたちの人生はこれからどう変わるのだろうか。大きな間違いをしてしまったのではないか。でも、もう引きかえすことはできない。新しい仕事とアパートメント、生活がわたしたちを待っている。

犬に言葉を教えるためのヒント

・**犬がジェスチャーをしたら、言葉を添える**。犬の身振りに対応する言葉を話すことで、つぎのレベルのコミュニケーションをモデリングする。すると犬は、それを伝える新しい方法を学ぶことになる。

・**犬の言葉選びのパターンを探す**。犬がどの言葉を最もよく使うか、どんな状況で言葉を最もよく使うかに注意することで、自分の犬に対する理解を深めよう。人と同じように、犬もみなちがっていて、コミュニケーションの傾向もそれぞれだ。

第十章　カリフォルニアへの道

ステラは車のフロントシートに置いたベッドにすわり、満面の笑みを浮かべている。起きあがって窓からネブラスカ州の緩やかな丘陵に広がるトウモロコシ畑を眺めたり、寝ころがって毛布を照らす陽光を浴びたりしている。この運転助手とわたしは、青い空のもと、未来へ向かって車を走らせている。昔から旅は好きだった。運転席にすわり、音楽を聴き、ほかにいるべき場所もするべきこともないときがいちばん自由を感じられる。瞑想のような時間だ。

ジェイクが積みあげた荷物はまるでテトリスのブロックのようで、フロントシートの床に置かれた、ステラのボタンが入った買い物袋のほかは、どれひとつとして動かせない。すぐに取りだすためには、ボタンの置き場所はそこしかなかった。停まったり曲がったり、地面の凸凹で跳ねたりするたびに、プラスティックがガチャガチャとぶつかりあい、「外／水／散歩／好きだよ／助けて」と同時に鳴った。ステラはボタンを見下ろし、それからわたしのほうを見た。

「ええ、わたしにも聞こえてるわ、ステラ」これは長い三十時間になりそうだ。

最初の九時間の区間が終わり、コロラド州ブレッケンリッジに到着した。ステラはずっと助手席でおとなしくしていたが、車を降りたとたん元気があふれた。ジェイクとわたしがキングサイズのベッドに倒れるように寝ころがると、ステラはホテルの部屋のなかを駆けまわりはじめた。ベッドに乗ってわたしたちに吠え、飛びおりると、ドアのまわりをぐるぐると走りまわった。ステラにとってはじめてのホテルでの宿泊は、これまでのところ完全な混沌だった。

「あらあら、ちょっと気張りすぎじゃないの？」とわたしは言った。ジェイクはステラのボタンを室内のあちこちに置いた。玩具を投げてやると、部屋中を駆けまわってジェイクが置いたばかりのボタンを蹴とばした。そのうちいくつかは、何度も壁に当たった衝撃でリセットされ、ビービーと音が鳴った。

「幸先《さいさき》よいスタートね」とわたしは言った。「毎晩こんなに元気だったらどうしよう。まるで眠れないわ」わたしはボタンをセットしなおした。

「外」声が聞こえて目覚めると、朝五時半だった。真っ暗なホテルの部屋で、ドアのそばに立っているステラの輪郭だけがうっすら見える。ベッドから出ずにいると、ジェイクがトイレに行かせるために短い散歩に連れていった。

こうしたことにも慣れていかなくてはならない。新しいアパートメントでは、オマハでしていたように裏庭に出すことはできないだろう。通常、ステラは一日に十回から十五回は「外」と言う。サンディエゴでもその回数が変わらなかったら、外にトイレに行かせるだけで自由時間を使い果たしてしまうだろう。戻ってくると、ステラはベッドに乗り、わたしの顔をなめつづけ、起き上がるまでやめなかった。ベッドから降りて水を飲むと、家にいるときのように「食べる」と言った。

「ステラ、食べる！　わかった、朝食を用意しましょうね」ようやく元気が出てきた。新しい場所で、しかも数日間みんながストレスを感じつづけていた状況で、ステラがオマハにいるときと同じようにボタンを押して意思を伝えたことは嬉しかった。ステラはほとんど意識することなく言葉を話すようになっていた。何をどのように話すかを考える必要があったら、この大変なときにAACを使おうとはしなかったはずだ。それではあまりに精神的なエネルギーがとられてしまう。誰であれストレスがかかっているときには、むずかしいことをやるのはより困難だろう。犬だって同じだ。言葉を使うことができて、ステラは少し落ち着いたようだった。元気はまだありあまっていたが、ホテルの部屋に着き、ボタンを置くとようやく騒ぎは収まった。

ドライブの二日め、ネブラスカ州のトウモロコシ畑は消え、つぎに現れたコロラド州やユタ州の山々は黄色や赤、オレンジ色に染まりはじめていた。その夜は、ユタ州の小さな町で宿をとった。U字型に部屋が並んだ平屋のモーテルはおよそ二十部屋あり、それぞれが外から直接出入りできた。ジェイクとわたしが歯を磨き、バスルームから出てくると、ステラは入り口の脇でおしっこをしていた。

「あら、ボタンを車に置き忘れてた。わたしのミスね」ステラはドアの脇にはりついて何度か鳴いていたのだが、疲れのあまり、ボタンを忘れたことに気づかなかったのだ。ステラはドアの脇に立って、外に行きたいと懸命に伝えようとしていた。ジェイクとわたしは、ステラが言葉によるコミュニケーションを覚えたことで、欲求や必要なことを正確に伝えられることが当たり前になってしまっていた。いまでは外へ出たいと合図するのをじっと見ていなくてもよかった。ステラが「外」と言えば、その声は家のなかのどこにいても聞こえてきた。

「ごめんね、ステラ・ガール。外からボタンを取ってくるわ」ボタンをなるべくわかりやすい配置にすると、ステラはすぐに壁際まで歩いていって、並んだボタンをひとつずつ押していった。音を聞いて、そのたびに首をかしげた。

「どのボタンがどの言葉か確認しているのね」

家にいるときは、ボタンの位置を覚えているため、ブザーを確認する必要はなかった。数分後にステラは「水」と言って、水が切れてしまったことを伝えた。

ボタンはステラにとって重要なものなのだ。これでふた晩連続で、ボタンを置くことで静かになり、落ち着いた。しかも今夜は、ボタンと言葉の対応を確認していた。ステラのコミュニケーションのなかで言葉は確固たる部分を担っている。わたしだって、自分を表現するために必要なすべてが揃っていれば心地よいだろう。オマハで担当していたAAC利用者が学校の教室でどう過ごしているかを参観したときのことを思いだした。かなり多くの場合、机の上にコミュニケーション・デバイスは出ておらず、使っていない時間も長かった。自分のコミュニケーションの重要な部分がなくて、あの子供たちはどう感じていただろう？　ステラは道具が使えるようになっていなかったとき、行動で表現した。子供たちにとって、あれはどんなにもどかしいことだっただろう。このときようやく、あの子供たちのことを考え、心配するのはもう自分の仕事ではなくなったのだと気づいた。彼らがどうかよい介助者にめぐりあえますように。もう会えないと思うとさびしかった。

旅の最終日は、直前に予約をしてラスベガスのホテルに泊まった。ラスベガスははじめてだから、最後の晩のお楽しみにいいと思ったのだ。すてきなホテルの部屋でくつろぎ、軽くスロットマシンで遊んでおいしい食事をとって、しゃれたカクテルを飲む。ここまでの旅を祝い、引っ越し先で慌ただしくなるまえにひと休みするのに、こんな過ごしかたも悪くない。

中心部のラスベガス・ストリップのホテルは想像したよりもさらに巨大だった。館内にはいくつかレストランがあり、棟ごとにそれぞれ乗るべきエレベーターが分かれていて、ほかのホテルとは通路でつながっている。まるでひとつの世界のようだ。

メインフロアを十分近くも歩いてようやくホテルの真ん中にたどり着き、ちゃんと部屋へ行けるエレベーターを見つけた。どこも人でいっぱいのカジノのフロアの横を進んでいると、ステラが絨毯の上でうんちをしはじめた。

「大変。ジェイク！」わたしは声を上げた。

「ステラ、駄目だよ！　待って！」ジェイクは言った。

だが、出てくるものは止まらない。わたしたちはパニックに陥った。ジェイクはステラを床から抱えあげ、走りはじめた。「もう一度するまえに出口を見つけよう！」ジェイクは声を上げていた。ジェイクを追って駆けていくと、魚が入ったビンの水が盛大にあふれ、ステラのボタンはたがいにぶつかって「バイバイ／好きだよ／散歩／助けて／食べる」といっせいに叫んだ。途中でホテルの従業員を見つけて手を振り、掃除を手伝ってもらった。ステラはジェイクの肩越しにわたしのほうを見た。まるで生涯一度のスリルを楽しむように笑みを浮かべている。見世物にはことかかないラスベガスの街で、わたしたちは周囲にいるすべての人の注目を集めていた。

何度も道を間違え、十分後にようやくドアを見つけた。芝生の上に下ろすと、ステラはわたしたちを見上げ、何事もなくあたりを歩いた。カジノで済ませたので、もうトイレには行きたくなくなっていたのだ。

翌朝、ステラは十一階の部屋で二回立てつづけに「外」と言った。ジェイクは廊下を歩いてエレベーターに連れていき、数分待って一階まで降りた。ジェイクとステラがエレベーターから降りるころには、ステラが「外、外」と言ってから少なくとも五分は経っていた。今回はドアの位置はわかっていた。カジノを通りぬけるには、そこからさらに五分かかる。ところが、エレベーターを降りてフロアを歩きはじめたとたん、ステラはまたうんちをしはじめた。犬のステラにはこのホテルの外はあまりに遠かった。

晴れたサンディエゴの新しいアパートメントに正午に到着した。両側にヤシの木が並ぶ南カリフォルニアの大通りが迎えてくれた。ダウンタウンにもビーチにも車に乗れば十分で行ける場所だ。アパートメントがある区画の両端には小さな食料品店と図書館がある。半マイルも歩けば賑やかな通りに出られ、ブティックやレストラン、酒屋、バーなどが揃っている。一歩歩くごとにトカゲが茂みに這っていく。ハチドリとすれちがう。どこを眺めても樹木のような大きさの多肉植物が庭先に生えている。緑と赤のオウムがうるさく鳴きながら通りを飛んでいく。まるで完全な別世界に来たようだった。

アパートメントの入った複合施設はオフホワイトの建物で十六のユニットに分かれ、すべて中心の中庭に面している。わたしたちのユニットは一階で、入り口のすぐ横だった。室内に入ると、リビングルームの真ん中に冷蔵庫とコンロが置かれていて、ふたりの作業員がキッチンで工事をしていた。

「あれっ……どういうこと……」とジェイクは言った。あっけにとられている。

「冷蔵庫とかがなくなったら、リビングルームはもう少し広くなるよ」とわたしは言った。

「書類によれば、全体で六十五平方メートルあるんだから」

「あと一時間で終わります」作業員のひとりが言った。「それまで外に出ていてもらえますか？」

わたしたちは近所を歩き、店に入ってランチを食べた。犬を連れて入れる店の多さに驚いた。オマハでは、ステラを連れて行ける場所は二、三か所しかなかった。ステラは歩道ですれちがうすべての人に駆けより、笑顔でしっぽを振った。わたしたちに挨拶した人が視線を落としてステラを見なかった場合、飛びあがって自分を見てもらおうとした。ステラは人に注目されるのが大好きだった。

一時間後にアパートメントに戻ると、冷蔵庫とコンロはキッチンに戻されていたが、広さはさして変わらなかった。縦長の狭いリビングルームの左側には小さなU字型のキッチンが、右側にはバスルームとベッドルームがある。玄関からほぼ全体を見渡すことができた。ジェイクが測ったところ、自由に使える空間は四十四平方メートルだった。

「オマハからあまりものを持ってこなくて正解だった。あっちで使っていた家具で、ここに収まるものはひとつもなかっただろうね」と彼は言った。ユニット式家具を持ちこんでいたら、それだけでリビングルームが埋まってしまっただろう。以前のダイニングテーブルを置いたら、キッチンとベッドルームをつなぐ通路がふさがれてしまったにちがいない。

ステラは各部屋に出入りし、床をくまなく嗅いでまわった。車から荷物を下ろすまえに、リビングルームにステラのボタンを設置し、少し走って遊べるようにボールを投げた。ジェイクが箱に詰めた荷物を運びこみはじめると、ステラはリビングルームに立ち、南に面した窓から降りそそぐ太陽を浴びて笑みを浮かべた。オマハからの荷物が運びこまれるたびにしっぽを振った。ひとつずつなめながら箱のにおいを嗅いだ。

「そうだよ、ステラ！　ここがわたしたちの新しい家」

国内を横断する引っ越しのいちばんつらい部分はこれで終わったと思っていた。新しい仕事を探し、持ちものを減らし、車で三十時間移動するのは、ジェイクとステラ、わたしにとってきつい登り坂だった。新しい場所に到着したら、あとはずっと下り坂が続くだろうと。ところが、ステラは新しい家に慣れるのに思った以上の時間がかかった。

ステラはここに来る途中で泊まったホテルの部屋でボタンを使っていたから、新しいアパートメントにボタンを設置すれば使えるだろうと思っていた。だが最初の数日間、ステラは「外」のほかは何も話さなかった。慣れないアパートメントで落ち着かず、不安でいっぱいだったのだ。夜のあいだずっと、そしてゴミを出しにジェイクとわたしがアパートメントを離れるだけでもそのたびに鳴いた。試しに、日用品を買いにいくあいだステラを家に残したことがあった。すると玄関から外へ出たとたん、なかから甲高い鳴き声が聞こえてきた。鳴きやまなかったらどうしよう？　まわりの部屋から苦情が来るかもしれない。それからはふたりでステラを残して出かけることはできなくなった。わたしがトイレに行くと、ステラは扉を前足でつついて鳴いた。これほど不安で、離れられなくなったことは、子犬のころですらなかった。**この引っ越しがひどいトラウマになってしまったんだろうか？**

これほど落ち着かなければ、話さないのも無理はなかった。安心し、くつろいでいられるという基本的な欲求は、いまのところ満たされていない。潜在能力を十分に発揮するには、まず基礎となる欲求を満足させる必要がある。著名な心理学者アブラハム・マズローは、人間には五段階の欲求があるという欲求階層理論を提唱した。各段階はピラミッドのように積みあがっていて、最下層が（食物や住居、休息を得るといった）生理的欲求、二番めが安全、三番めが社会的関係や所属、四番めが承認欲求、そして五番めが自分の可能性を発揮することだ。[27]基礎が不安定では、ピラミッドの頂点の感覚を味わうことはむずかしい。程度の差こそあれ、誰もが経験していることだろう。睡眠不足で疲れていたら学ぶことはむずかしいし、腹がぐうぐう鳴っていたら授業に集中することなどとてもできない。誰だって気分がいいときにこそ力を発揮できる。それはステラも同じことだ。

犬に言葉を教えるためのヒント

- **旅に出るときもできるだけボタンを持っていこう。**普段どおりのコミュニケーションができると、犬は新しい状況や慣れない場所でも落ち着きやすくなる。

- **犬が自分から言葉を試すのを観察しよう。**犬が何度もボタンを押してみて、それぞれのボタンが話す言葉を数多く聞けば聞くほど、学習は進む。

- **マズローの欲求階層理論を意識する。**犬が安全で健康だと感じられず、運動不足のときは、なかなか新しいスキルを学び、それを使うことはできない。まずは犬の基本的な欲求を満たそう。

第十一章　新しい言葉の使いかた

ジェイクとわたしが交代で出かけるようにして、ステラの新たなルーティンを作り、アパートメントの片づけをして一週間が経つころ、ステラはようやく落ち着いてきた。ある日の午後、ステラはリビングルームで作りつけの棚の下に前足を伸ばし、「遊ぶ」「ノー」「好きだよ」「助けて」の四つのボタンを押した。そしてホテルの部屋でしたように首を左右にかしげて、それぞれの言葉を聞いた。すべて聞き終わると歩いていって寝ころんだ。

「すごいね、ステラ。そう、それはあなたの言葉だよ」わたしは言った。それぞれの言葉を連続で二、三度モデリングした。アパートメントのほかの場所も歩いてまわり、「散歩」「バイバイ」「来て」「食べる」「水」のボタンがある場所を教えた。わたしは戻ってきてボタンを使って「好きだよ」と言い、ステラの額にキスをして背中を撫でた。「もう大丈夫だね」

翌日、ステラはまた同じボタンの並びをじっと見ていた。わたしのほうを振りかえり、またボタンを見た。慎重に前足を上げ、「ノー」と言うと、すぐに顔を背けた。予想していたのとはちがう言葉が聞こえたという反応だった。それから数秒後に、「ノー」の隣にあるボタンを押した。「遊ぶ」だ。「遊ぶ」と声が聞こえると、ステラはあと二回ボタンを押した。そして走り去り、部屋の反対側にあるおもちゃ箱に鼻先を突っこんだ。

このときステラがしたのは、間違った言葉の訂正だった。自分が言おうとしていた「遊ぶ」を見つけると、それをさらに二度押した。まるで、本当に自分が言いたかったのはこの言葉だと知らせるかのように。ステラはいまや、語彙だけでなくそうした実際的なスキルを発達させていた。言葉の使いかたを知るということは、その意味を理解することにとどまらない。いつ言葉を使い、どうやってメッセージを伝えるかも同じくらい重要なことだ。二回連続でボタンを押し、本当に自分が言いたかったことを伝えるという方法を直接教えたことはこれまでなかった。ただ、間違ったボタンを押してしまったとき、二、三度ボタンを連続して押すことで、言いたいことをきちんと伝えようとしたことはあった。だから、ステラがそうした限られた経験から学んだか、言葉を強調する方法に自分で気づいたかのどちらかだろう。

その日、容器が空になっていたとき、ステラは「水」と言い、エサの時間のおよそ三十分前に「食べる」と言った。頻繁に遊びに誘うようになり、ジェイクとわたしがキッチンやベッドルームに行ってしまっても、しばらくはリビングルームに残っていた。ステラは少しずつくつろぎ、安全だと感じはじめていた。嬉しいことに、以前のステラが少しずつ戻ってきた。

新居に落ち着き、持ちものがきれいに収まると、わたしは部屋の狭さが気にならなくなった。余計なものはなかった。すべてのものがあるべき場所にあり、住居全体を掃除するのに二十分しかかからなかった。ジェイクとわたしは家具を選び、テレビは買わないことにした。それによって、暮らしは大きく変わった。多すぎず、少なすぎず、必要なものだけがある。ひと月以上かかってついに、わたしたちふたりと一匹は完全にリラックスできた。やっと乗りこえた。これでカリフォルニアを楽しみ、新しい生活を始められる。

オマハでは、ステラは毎日変わることなく「外」「食べる」「散歩」の三つの言葉を話していた。また、たいていは一日にそれ以外の一、二語を使うくらいだった。ところがいまでは、毎日六、七語を話し、しかもその多くを複数回使っていた。「外」「散歩」「食べる」は毎日朝と晩に、ジェイクやわたしが夕食を作っていて、リビングルームで遊んでほしいときには「来て」、ブラインドが下りていたりベッドルームの扉が閉まっているときには「助けて」、遊ぶのはもうやめるとか、「外はもうおしまい」と言われたときには

「ノー」、ジェイクかわたしが買いもので外に出た直後には「バイバイ」と言うようになった。以前のコミュニケーションに匹敵するどころか、それを上回っていた。

可能なときにはいつもモデリングをするので、ステラはさらにたくさん話すようになった。こうした進歩はわたしの経験や既存の研究にも合致していた。言語聴覚士や両親、教師、きょうだい、学校の友達が子供のコミュニケーション・デバイスを使う頻度が増えるほど、その子供も頻繁に使うようになる。[28] アパートメントの部屋はどこもすぐに行き来できるので、いつもステラのボタンのそばにいることができた。オマハでは、ステラが簡単に言葉を話すことができるのは一階にいるときだけだった。二階や地階にいて、トイレに行きたくなったら、ステラは走ってそれを知らせていた。だがそれ以外は、家のなかで移動して「助けて」や「来て」、「遊ぶ」「ノー」と話すことはめったになかった。ジェイクとわたしも、家のなかを移動してまでモデリングはしていなかった。探しているボタンのところに着くころには、もうあまり重要なことではなくなっていた。モデリングは、その出来事が終わってしまったあとではなく、意味のあるときにしたかった。いまでは、ステラに話すときはたいていリビングルームに行ってボタンを使う。ステラもボタンのところへ行き、使うのがはるかに簡単になったので、コミュニケーションがさらにうまくいくようになった。

ステラはジェイクとわたしがしていることにじっと見入っていた。遊んでいるとき以外は、たいてい一メートルほどのところにいて、ふたりのうちどちらかが話したり、どこかへ行くときはそちらに顔を向けた。わたしたちと周囲の環境を注意深く観察していた。ある晩、ステラはエサを食べ終えると、キッチンとダイニングテーブルのあいだに立ってわたしたちが皿やグラス、料理をテーブルに運ぶのを見ていた。ジェイクとわたしは腰を下ろした。

「食べる」ステラはそう言うと、カウチのほうへ歩いていった。

「ステラはもう食べたよね?」ジェイクが言った。

「ええ。たぶん、わたしたちがこれからすることについて話したんだと思う。そうよ、ステラ。ジェイク、クリスティーナ、食べる」

ステラはカウチでわたしの言葉を聞き、首をかしげた。そこに横になって、わたしたちの食事をずっと観察していた。このとき、ステラにはテーブルから食べものを与えなかった。ステラは欲しがらなかったし、お余りをもらえるとも期待していなかった。カウチにすわったり、床に寝そべって見ているのはいつものスタイルだ。この晩、ステラが「食べる」と言ったのは、食事の要求ではなく、起こっていることを述べるためだった。エサを欲しがったのであれば、容器のそばにいるか、エサやご褒美をしまってある棚のほうへ歩いていったはずだ。だがそうはしなかった。ステラは話したあともわたしたちを見ていた。

ステラが「食べる」と言ったこの状況は、わたしが植物の世話をしているのを見て

「水」と言ったときとよく似ていた。言葉には複数のコミュニケーションの機能があり、意味もひとつではない。言葉に複数の意味があることを思い起こせば、それだけ相手が伝えようとするメッセージを理解できる。

翌朝の職場で、わたしはこれを思いだすことになった。新たに始めた早期療育の仕事は楽しかった。ようやく数週間経ったところで、車で家庭を訪問してセラピーを行っていた。日ごとにコツをつかんで慣れていった。ほとんどの家族は、わたしのセッションによってはじめて言語療法の世界を知ることになるのだと思うと力が湧いてきた。言語療法が興味深く、有効で、重要であることを知ってもらうのはすばらしいことだ。

この朝、ある巻き毛の幼児が「サル」と声を上げた。男の子はわたしの目の前で飛びはね、手を叩いた。ここは男の子の家のリビングルームで、わたしたちは玩具に囲まれている。列車の模型やブロック、ミスター・ポテトヘッドがある。母親はキッチンで男の子の妹をおんぶしていて、セラピーの内容は聞こえている。数週間まえにこの男の子のセラピーを始めたときから、これがまだわたしの聞いた四つめか五つめの言葉だった。

わたしはまえの週に、遊ぶために数体のサルのぬいぐるみを持ってきていた。今回、サルは車のトランクに置き、べつの動物を持ってきていた。**やっぱりサルで遊びたいの？それとも、わたしに「五匹の子ザル」を歌ってほしいのかも。**

「おサルの歌をうたおうか？」わたしは尋ねた。「五匹の子ザルがベッドではねる……」

「一日中ずっとサルって言っているんですよ」と母親が言った。「昨日動物園に行ってサルを見たことを言いたいらしくて。ずっと飛びはねて指さしてるの」

「動物園のサル。わお！」男の子はまた笑顔になり、ぴょんぴょんと飛びはねた。

言葉を覚えるとき、幼児は自分が考えていることを一語や短いフレーズで伝えることが多い。言語の発達ではごく普通のことだ。ステラもまた、同じ一語で複数の考えを伝えていた。「食べる」という言葉で、エサの要求をすることもあれば、わたしたちが食べていると述べることもある。受け持ち患者の男の子が「サル」と言った場合、それは昨日動物園で見たサルのことかもしれないし、サルのぬいぐるみで遊びたいということかもしれない。さまざまな可能性を考慮し、状況から読みとれるヒントをすべて利用することが、その言葉に込めた話し手の意図を理解することにつながる。

サンディエゴで暮らしはじめて数週間のころ、引っ越し祝いのパーティをした。呼んだのは週末に訪ねてきた友人のブリッサ、近所の酒場で出会った陽気なカップル、たまたま近くに住んでいたジェイクの高校時代の友人、ジェイクの同僚数人だった。小さなアパートメントに人がいっぱいになった。

「ところで、床のあちこちにボタンが置いてあるけど、これは何？」ジェイクの友人が尋ねた。

ほかの友人も興味があると言った。

みんなが説明を求めてわたしを見た。オマハの友人たちには、ステラに言葉を教えはじめたころからその話をしていた。わたしのことも仕事のことも理解してくれていて、そのふたつの世界をつなげようとしているのを見ても、驚いたりはしなかった。だがここでは、言葉を発するボタンをリビングルームに置いて暮らしているのはもの珍しく思われるだろう。

「えっと、わたしは言語聴覚士の仕事をしているでしょ……それで、ステラがこのボタンで言葉を話せるようになるか確認したくなって……」

沈黙。

「言葉が遅れていて、コミュニケーション・デバイスで話をしているたくさんの子供たちを診ているの。それで、ステラにコミュニケーション・デバイスをあげたら使えるようになるのかという疑問が湧いてきたんだ」

ブリッサはわたしの視線を捉え、後押しするよう笑みを浮かべると、言葉を挟んだ。

「ボタンごとにちがう言葉が鳴るようになっているのよね？」

「そう。外とか、遊ぶ、散歩、食べる……」わたしは部屋を歩きまわり、すべてのボタンを押してみせた。「ステラは自分が求めているものを、これで伝えられるわけ」

さまざまな問いや疑いをいっせいに浴びせられるだろうと身構えた。ところが彼らの反応はまるで異なっていた。

「えっ、それってすごくない？」

「きっとできるよ」

「うちの犬は完全に言葉を理解していて、わたしが話すのを待ち構えているわ」

わたしは安堵のため息をついた。知りあったばかりの人々や知人におかしな人間だと思われていないことがわかって嬉しかった。カリフォルニアの新しい友人たちの第一印象は上々だった。みな関心を持ってくれているようだ。

パーティが始まって数時間経ったころ、眠っていたステラが起きてきて、「遊ぶ」と言うと、人の輪のなかに入ってきて自分の玩具を見せびらかした。

その翌日、ビーチに出かけようとしていたとき、ブリッサが着替えるために寝室に入った。ジェイクはわたしの手を握り、わたしを自分のほうへ向けてキスをした。

「好きだよ」とステラが言った。見下ろすと、ステラはわたしたちの脚のあいだに割りこもうとしていた。しっぽを振り、こちらを見上げ、耳は後ろに倒している。幸せなときのしるしだ。まるで小さなカワウソのようだった。

「あら、好きだよ、ステラ。わたしたちも好きだよ」ジェイクとわたしはすぐにしゃがんだ。ステラはわたしたちの顔をなめ、笑みを浮かべ、撫でてもらうためにお腹を出した。

「いい子だね、ステラ。いい子のステラ、好きだよ」

ステラが自分から「好きだよ」と言ったのはこれがはじめてだった。これまではいつも、少しモデリングして、お腹や顔を撫でたあとだった。

ステラはこれで、十語すべてを自分から話せるようになった。わたしはずっと、親が子供にするように自然な状況で「好きだよ」という言葉のモデリングをしていた。親は赤ちゃんや幼児に、ハグやキスをしているときや世話をしているとき、あるいは誇らしく思ったときに「好きだよ」と伝える。親は好きという言葉の意味を赤ん坊にはじめに説明したり、意味がわかっているか質問したりせず、子供が「好きだよ」と言ったら受けいれる。子供たちは社会的な状況や感情を、耳で聞いた言葉と結びつけて学習する。これまでのところ、ステラも同じようにして学んでいた。わたしたちに加わりたいと思い、それを自分の方法で伝えていた。

「好きだよ」という言葉がステラにとってわたしと同じ意味を持っているかどうかについては心配しなかった。複数の人々のあいだで、ある言葉が同じ感情を引き起こすかどうかを知ることはできない。まして人と犬ならなおさらだ。

週末の終わり、ジェイクとステラとわたしはブリッサを空港へ送っていった。ステラは後部座席に立ち、窓越しにブリッサが建物のなかに消えていくのを見ていた。アパートメントに戻ると、ステラはまっすぐブリッサが寝ていたカウチに向かった。彼女が使っていた毛布と枕のにおいを嗅ぎ、それから「バイバイ」と言い、わたしの目を見上げた。

「そうだよ、ステラ。バイバイしたの」

このときはじめて、ステラがこれから起こることやいま起こっていることではなく、過去に起こったことを話していると気づいた。ステラはある人がここにいたが、もういないという概念を理解しているのだ。そういえばリグリーは姉たちが大学に戻ってしまうと、姉のベッドで一日中ふて寝していた。それが姉たちが去ったことを認めるための儀式だったのだ。そこに寝ながら、リグリーは何を考えていたのだろう？　そしてステラは、友人が数日ここに滞在し、いまは行ってしまったことについて、ほかにも考えていることがあるのだろうか？　そのときはわからなかったが、友人や家族が滞在したときには決まって同じことが繰りかえされるようになった。ステラは車で一緒に空港まで見送りに行き、戻ってくるとマットレスやカウチのにおいを嗅いで「バイバイ」と言うのだ。

つぎの週、仕事のあとで十五分西に車を走らせ、オーシャンビーチ地区のドッグビーチに行った。駐車場に車を停めるたびに別世界に入ったように感じられる場所だ。サーファーは駐車場でウェットスーツを着て、走って波を捕まえにいく。住居にしているバンに絵を立てかけて売っている。スケートボーダーたちが勢いよく通りすぎていく。右手にはフットボール場くらいの規模の砂浜が海まで続いていて、さまざまな種類の犬たちが自由に走り、遊んでいる。砂浜に入ると、ステラのリードを外した。ステラは目の前を通る人全員のところへ走っていって挨拶した。みなステラのご機嫌をとった。

生後七か月のステラは、年をとり、もう自分ほど注意力や元気がない犬たちに吠えた。前足を海水に浸し、砂地に走って引きかえしたところで、寄せてきた波がくだけた。

ボールを砂浜に投げると、ステラはそれをちらりと見て、べつの犬を追いかけている犬に向かって走っていった。ボールのことなどすっかり忘れていた。

「ここはビーチだよ、ステラ！　ビーチ、ビーチ、ビーチ」遊んでいるステラに向かってわたしは何度も言った。「ビーチで遊ぶの！」ステラは笑みを浮かべ、わたしの脇を走っていった。

太陽が沈みはじめ、まるで絵はがきのようにヤシの木の輪郭が深紫《ふかむらさき》の空に浮かんだ。ここに住んでいることがまだ現実と思えなかった。

わたしたちは仕事終わりの普段の平日なのに、くつろいで幸せな気持ちでビーチから家に帰った。時計を見ると、まだ七時半過ぎだ。

「信じられる？」わたしはジェイクに言った。「オマハだったら、まだ仕事が終わったばかりの時間よ」自由な人生を手に入れたように感じられた。この日の最後の予約を終え、すでにステラを散歩させ、モデリングもし、夕食を作り、ビーチに行き、そして戻ってきている。これこそ、仕事ばかりではないバランスのとれた生活だ。

体を拭いてやると、ステラはまっすぐ室内に入り、エサを入れる容器のほうへ向かった。

そして前足で勢いよく「食べる」と言った。角を曲がり、リビングルームのボタンの列のところまで行って、「ノー」と言った。ステラはわたしたちを見上げた。視線を逸らさず、鳴いてから右の前足でボタンを踏みつけた。この晩は、エサのまえにビーチに出かけていた。ステラはこのときはじめて二語を組み合わせ、まだ食べていないことをわたしたちに知らせたのだ。

犬に言葉を教えるためのヒント

・**押しやすい場所にボタンを設置すること**。犬のボタンが家中に散らばっていないだろうか？　あるいは、部屋のなかにあまり触れていないボタンはないだろうか？　どちらかに当てはまるなら、ボタンをもっとモデリングしやすく、犬にとって押しやすい場所に設置することを考えよう。

・**集中する**。気を逸らすものを周囲からなくし、犬を教えているときは集中しよう。誰だって静かな環境のほうが学びやすい。言葉のモデリングをしているときは、テレビを消し、音楽のボリュームを落として犬が集中できるようにしよう。

・**コミュニケーションの可能性に心を開こう**。繰りかえすが、犬はものや行動を要求するためだけに言葉を使うとはかぎらない。自分の犬がどのようなパターンでコミュニケーションをするか知れば、独特な方法で言葉を使っていることや、ほかのことを言おうとしていることがわかる。周囲で何が起きているか、犬の普段の行動、犬の身振りや声を手がかりにしよう。

・**「好きだよ」のような、抽象的な概念は正確な意味を気にしなくてもいい**。人間同士でさえ、同じ言葉を話すときに同じように感じているかを知ることはできない。犬はそうした概念を、モデリングされたときに見たり聞いたりしたのと同じ状況で話すようになる。

第十二章　クリエイティブな組み合わせ

偶然ではないだろうか？　ステラは本当に、ふたつの言葉をつなげてフレーズを作ろうとしたのだろうか？　現実にありうることとは思えなかった。まぐれかもしれない。もう二度と起こらなくてもおかしくない。わたしはすぐグレースにメールで伝えた。「いつもよりも遅くまでエサを食べていなかったとき、ステラは『食べる、ノー』って言ったの……また起こるかどうか楽しみ」

それはまぐれではなかった。翌朝、ステラはわたしたちの目の前でいつものようにベッドから飛びおり、リビングルームに歩いていった。わたしはベッドに寝ころがり、ステラがまず朝食を食べたがるか、外へ行きたがるかと待っていた。ステラが自分のしたいことを伝えるのはいつものことだった。

「来て」とステラは言った。首輪のタグが鳴る音が聞こえた。どこかへ歩いていったようだ。どこだろう？

「外」とステラは言った。

わたしはシーツから抜け出した。「外に来て？　いま行くわ、ステラ」ステラはしっぽを振って玄関の脇に立っていた。中庭に出るとすぐにトイレをした。

以前ステラのために数個のボタンを導入したとき、ステラがたとえば「外、遊ぶ」のようにふたつの言葉を連続で言ったらすごいよねとグレースにふざけて話したことがあった。ふたりとも笑い、それからは本気でそんな妄想をすることもなかった。それは「明日宝くじが当たったらどうしよう」というのと同じように、起こるはずもないただの仮定の話だった。ステラのボタンで二語続けてモデリングしたこともなかった。これほど大きな言語上の節目にステラが到達するなど、頭をよぎったことさえなかった。何気なく、「おいで、外に来て」とか、「食べに来て」「ステラ、ノー」「遊ぶ、玩具」など、二語のフレーズをモデリングしたことはあった。だが短いフレーズのほうが理解しやすいだろうと思っただけで、ステラが同じように話すと期待したわけではなかった。

ステラの新しい能力について考えるうちに、少しずつ状況がのみこめてきた。ひとつの語をすでに複数の意味でいくつかの状況で使っているとしたら、それをつなぎ合わせて新しいフレーズを作ることもできないはずがない。幼児の場合は、言葉の意味をしっかりと理解していて、すでに自分からその言葉を使ったことがあれば、言葉をつなげられる。これまでのところ、ステラは幼児と同じ言語上の節目を辿ってきた。ここから先は同じではないと、決めつけるべき理由などあるだろうか。それに、ステラはいつもひとつの言葉とジェスチャーを組み合わせていた。「助けて」と言ったあと、わたしたちに玩具を探してほしい場所に立ち、「散歩」と言ったあとドアを前足でつつくことがあった。言葉とジェスチャーの組み合わせは、子供がその両方の概念を言葉で話すまえの段階で現れる。幼児は通常、生後十八か月くらいでふたつの言葉をつなげるようになる。発達的に、子供が言葉をつなげる直前に見られるスキルには、以下のようなものがある。[29]

- ひとつの語を頻繁に使う――ステラは毎日何度か、一語でコミュニケーションをする。
- ふたつの異なる要求を言語化する――ステラはボタンを使って、エサや水が欲しいときやトイレに行きたいときに伝える。
- 他者と交流するために言葉を使う――ステラはわたしたちと接するとき、身振りや声、言葉を使う。
- 「すわって」や「こっちに来て」といった命令を理解できる――ステラはそれらも含めたいくつかの命令に従っている。
- 大人の補助を求める――ステラは必要なときに「助けて」と言う。
- 身振りよりも話すことが多くなる――ステラは使えるようになった概念を言葉で表す。
- 言葉を使って抗議する――ステラはわたしたちがしたことが気に入らないとき、「ノー」と言う。

使える語彙は限られていたものの、ステラの言葉の使いかたは、まもなく言葉をつなげはじめる幼児と同様だった。言葉をつなげはじめた数週間のあいだ、ステラがいちばんよく使ったフレーズは、わたしたちがするべきことをまだしていないときに行動つきで「ノー」と言うことだった。

ある晩、わたしは混乱したセッションのあと疲れきって仕事から帰ってきた。すぐにステラを散歩に連れていかず、ベッドに横になり、少し休もうとした。するとステラはリビングルームに歩いていき、「散歩、ノー」と言ってベッドルームに顔を覗かせた。心配そうな顔だった。

「散歩はあとね、ステラ。おいで」わたしはベッドを軽く叩いた。

ステラは「ノー」を組み合わせることで、気づいたことをかなり詳しく話せるようになった。ここから、ステラは日々の習慣をとても大切にしていることがわかった。ステラが毎日の決まった行動のなかで育ち、つぎに何が起こるかを予測していることは知っていたが、普段なら起こるはずのことが起こらなかった場合にステラがそれを指摘したということは、実際に目の前で起こっていなくてもそのことを考えているのだろう。ほかにも目の前で起こっていないことについて、何か考えているのだろうか。数分後、ステラはベッドから飛びおりた。

「来て、散歩」リビングルームから声がした。

もう逆らえない。休息はあとだ。ステラは最初にいつもの散歩が遅れていることを指摘し、いまはそれを求めていた。「わかったわ。散歩に行きましょ」ステラは跳ねまわり、リードの脇に立った。


まもなくステラをドッグビーチに連れていくことは習慣になった。週に二、三度、わたしが仕事のあとに連れていくか、夕食のあとふたりと一匹で夕日を見にいく。ステラと海岸を走り、新しい犬や人の友達と知りあい、太平洋の美しさを味わうのは、一日の締めくくりとして完璧だった。

「急いで夕食を済ませてビーチに行く？」わたしはジェイクに尋ねた。

すぐにステラのタグが鳴った。ベッドルームに小走りで入ってきて、首をかしげてわたしたちを見上げた。

「もう絶対にこの言葉を理解してると思う」とわたしは言った。

「よし、ビーチに行こう」とジェイクは言った。

ステラはまた横を向き、笑顔でリードをつけてもらった。ドッグビーチの駐車場に車を停めると、ステラは後部座席で身を乗りだした。窓の外を見て鳴きはじめ、犬たちがうろうろしているのを見るとしっぽを振った。

これが意味することははっきりしている。ステラには「ビーチ」のボタンが必要だ。ステラは「ビーチ」という言葉を聞くとかならず、わたしたちが動いた先についてきて、できるだけ早く玄関に行かせようとする。「ビーチ」という言葉を理解しているなら、わたしたちが言うのを待つだけでなく、したいことを自分から伝えられるようになるべきだ。

「準備はいい？　ビーチで遊びましょ！」わたしは言った。

翌日、棚から最後の予備のボタンを取りだした。電池を入れると、ステラはわたしの横に来て、じっと見上げた。もうボタンの働きは理解している。わたしはステラにそれを手渡した。ステラはにおいを嗅ぎ、わたしがマイクに向かって「ビーチ」と言うのを食いいるように見ていた。玄関の近くに設置すると、ステラはすぐに前足で何度も押した。

「ビーチ、ビーチ、ビーチ」

思っていたとおりだった。「散歩」のボタンを追加したときと同じだ。ステラは待ちきれない様子で大好きな言葉を話していた。

「わかったわ、ステラ。ビーチに行きましょ」わたしはちょうどビーチに行けるタイミングを選んでボタンを設定していた。自分の大好きな場所に行きたいと伝えたはじめてのときに「ノー」と言われたらがっかりしたはずだ。

数日後の晩、午前三時に目を覚ますと、ステラはまた「ビーチ、ビーチ」と言っていた。

ステラはあまり夜中に話すことはない。どうしてもトイレに行きたいときに一、二度「外」と言ったことがあった。そして先月、ステラが真夜中に「助けて」と言ったのでびっくりした。それは午前二時で、明かりをつけると、ステラはリビングルームでコオロギを追いかけていた。だがこうした場合を除いて、ステラは夜中に起きていて話すことはなかった。

「ビーチはノーだよ、ステラ。いまはベッドね」

ステラが行きたいと言っても、いつもビーチに連れていけるわけではない。だが、ノーと言うことは問題ない。そこへ行くたびに口に出していたので、ステラはすでに「ビーチ」という言葉をしっかりと理解している。AACを利用した言語療法では、「個人が特定の言葉の意味を理解し、適切なときに自然な反応が得られると理解していれば、『いまはノーだよ』とか、『それはもう終わりだよ』といった反応をすることは問題ない」[30]とされる。要求を拒否することも、学習を強化するきっかけになる。たとえば、一日中クッキーが欲しいと言っている子供には、いつかは「もうクッキーの時間じゃないよ」とか「クッキーはあとで食べようね」と言うことになる。拒否したら、子供が「クッキー」という言葉を理解できなくなってしまうと心配する必要はない。拒否もまた子供たちが言ったことを認め、反応する方法のひとつであり、学習の強化につながるのだ。

子供の強く欲しがるものをデバイスにプログラムすることを恐れる親や専門家は多い。

「ずっとそれを欲しがってばかりだから、その言葉から始めたくありません」という希望は何度も聞いたことがある。そのとき、わたしはいつもこう思う。**それこそコミュニケーションで大事なことなのに。自分が話したいことを話せるようになることこそが。そして、自分が思っていることを伝えることこそが。**それは、「あの子は絶対にこの言葉を言いたがらないから、デバイスに登録すべきだ」と言っているのと同じことだ。こんな筋の通らないことはしないはずだ。

学習のあいだは不便に感じることもあるが、誰もが自分の言いたい言葉を、言いたいときに言う権利がある。コミュニケーションに条件をつけるべきではない。子供が頻繁に話すので苛立ったという理由で、デバイスやトーカーから大人がその言葉を取りのぞいてしまったという例をこれまで何度も見てきた。これは、子供が何度も繰りかえし「クッキー」が食べたいと言うので、子供の口をガムテープでふさいでしまったというのと変わらない。デバイスから言葉を外したり、デバイスごと隠してしまうのではなく、いちばんいい反応は、「駄目だよ」「もうおしまい」あるいは「あとでね」と伝えることだ。これによって、AAC利用者はどこまでが可能なのかを理解し、そうした反応の意味もわかるようになるだろう。AAC利用者が自分の求めていないことを拒絶するための手本にもなる。言葉を教えるうえで大切なのは、わたしたちが聞きたいときに、聞きたいことを聞くことではない。言葉を教えるのは、自分の考えを、それがなんであれ、いつであれ、伝える力を授けるためなのだ。

時間をかけて忍耐強く練習することで、子供たちはものを頼むのに最適なタイミングを学ぶ。これも学習プロセスの一部だ。ステラは、いつまでも毎日十回も「ビーチ」と言いつづけはしなかった。やがて、わたしたちがビーチに行くときのパターンを学び、適切な状況で「ビーチ」と要求するようになった。


十一月になり、サマータイムが終わったので時計の針を一時間戻した。ステラはやはり習慣に基づいて行動していることを示した。午後三時半から四時のあいだ、ステラは何度も「食べる」と要求した。時間の変更前では四時半から五時に当たる時間で、ステラにとってはごく当然のことだ。けれどもあまりに早く夕食を食べさせて今後わたしたちが働いているときにとまどわせてしまうのは避けたかった。ご褒美を与えて我慢させながら言った。「いまは食べないよ、食べるのはあと」

十五分経った。

「助けて、食べる」ステラはそう言って、吠えた。

「わかってるよ、ステラ。待てて偉いね。あとで食べるからね」

ステラはため息をついた。十秒ほどじっとしていた。

「好きだよ、ノー」ステラは言った。そしてベッドルームに入ってしまった。

ジェイクは口をあんぐりと開けた。「なんてこった……」

わたしは口に手をあてた。「信じられない……」

ステラは期待どおりの反応が得られず、言葉を変えて「助けて、食べる」と言った。それでも拒絶されると、わたしたちといることは幸せではないと伝えた。言葉をつなげ、メッセージを適切に修正しただけではない。ステラはこのとき、はじめてわたしたちと短い会話を交わしたのだ。これまで、ステラが欲しいものや考えていることを伝えると、わたしたちはそれに応じていた。このときステラは、すぐにエサを与えないというわたしの反応を聞き、見てとって、「好きだよ、ノー」と言葉を返したのだ。

新しい言葉の組み合わせを生みだすことは、言語を学ぶうえで最終的な到達点でありその目的だ。アメリカ言語聴覚士協会によれば、「日々のコミュニケーションで使われる文の大部分は、人生で一度も使われたことのない文だ。しかも、人類の歴史において誰も話したことのない文だ[31]」。はじめにひとつの言葉を教えた時点で、コミュニケーションの可能性は無限に広がっている。

これまでに「助けて、食べる」や、「好きだよ、ノー」をモデリングしたことはなかった。ステラはいまや、手本を示された言葉を話すという段階を超えていた。ふたつの言葉をつなげ、わたしたちが以前話すのを聞いたことがあるフレーズを言うという段階を超えていた。自分でメッセージを生みだし、独自の方法で使いはじめていた。これまでに聞き、覚えた言葉をつなぎ合わせて、新しい言葉を生みだしている。これが言葉を教えるときにいちばん楽しい部分のひとつだ。子供が聞いたことのある単語を話す段階から、単語を組み合わせて自分自身の表現を生みだす段階へ進歩するのを見るのは、毎回魔法のように思える。そしていま、わたしは自分の犬がこの進歩をするのを目撃していた。**ステラの潜在能力はどれだけあるのだろう？　ステラがわたしに伝えようとしていたことや、もっと語彙が増えれば学べることについて、まだ表面的なことしか理解していないのかもしれない。**

十一月半ばには、ステラは毎日少なくともふたつは新しいフレーズを生みだすようになっていた。使えるのはわずか十一語とはいえ、そこから二語の組み合わせは百十通り作れる。また、日常のなかでいくつかの同じフレーズを繰りかえし使うようになった。よく話すメッセージは、ベッドルームから外へ出ようと誘うときの「来て、外」や、散歩に行く準備ができているとき、玄関脇での「バイバイ、散歩」、うちのなかでいつもより長く遊んだときには、「好きだよ、遊ぶ」などがあった。当初はステラが言葉を組み合わせるとは思っていなかったが、その節目に到達できたのは適切な言葉を選んだからこそだろう。ステラに理解でき、複数の状況で使える核語彙を中心にした。もし名詞ばかりだったら、こうした機能的なメッセージは生みだせなかったかもしれない。フレーズを作るのに動詞は欠かせない。「外で・遊ぶ」というフレーズはあるが、「棒・ボール」ではフレーズにならない。「夕食を・食べる」とは言うが、「食べもの・ご褒美」とは言わない。はじめからしっかりした語彙を与えたことによって、ステラはこのような複雑な言語上の節目に到達することができたのだ。

新居に移ってわずかひと月で、ステラは爆発的に話し、言葉を結びつけるようになっていた。もしもボタンが一軒家の一階に散らばっているのではなく、はじめからひとつの部屋に置かれていたら、あるいは新しい場所に落ち着くための時間がいらなかったら、どれだけ早くこのブレイクスルーが訪れていただろうか。ステラはこの二、三か月で多くの経験をしてきた。ところがそんな変化があっても、学習はこれほど早かった。まだ生後九か月なのに、毎日短いフレーズを使って話しかけてくる。

ある日わたしが皿を洗っていると、散歩から戻ってくるジェイクとステラの姿が窓の外に見えた。ステラは口に一メートル半ほどのヤシの枝をくわえ、世界一誇らしい犬という表情をしている。散歩中に大きなヤシの枝を拾うのが大好きなのだ。それを引き裂いて、一ブロックか二ブロック歩くあいだ跳ねまわって遊び、やがて興味を失う。ジェイクはその枝を門のなかまで持って入るのを許し、それから中庭で捨てさせて家に帰ってきた。「気に入っちゃったみたいでさ」とジェイクは言った。「どうしても捨てようとしなかったんだ」

ステラは大量の水を飲み、笑みを浮かべた。隅のほうを向いて「遊ぶ」と言い、それから玄関まで歩いていって「外」と言った。

「外で遊びたいの、ステラ?」わたしはリードをつけなおし、中庭に連れていった。ステラはすぐにあのヤシの枝へ駆けより、口でくわえ、前後に揺すった。

「外」と言うだけでも、もう一度外へ出たいという気持ちを伝えることはできただろう。けれどもステラはそれ以上の言葉を話した。「遊ぶ」と「外」を組み合わせることで、自分が何をしたいのかをはっきりと伝えたのだ。トイレに行きたいわけではなく、もう一度散歩に行きたいのでもなく、家まで運んできた立派なヤシの枝で遊びたいということを。

ステラには、考えをわたしたちと共有したいという強い内的な動機があるのかもしれない。前の家では、言葉をつなぎ合わせるのはステラにとって簡単なことではなかった。ひとつボタンを押し、部屋のなかを歩くか角を曲がっていってべつのボタンを押さなくてはならない。コミュニケーション・デバイスを使えるようになるかどうかには、使いやすさが大きな影響を及ぼす。わたしはステラのことでそれを目の当たりにした。すべてのボタンが数歩で行ける場所に設置されたアパートメントでは、大きな家のあちこちにボタンが散らばっているよりも使い勝手がよかった。職場でも同じことを目撃している。AACシステムのなかには、子供がある言葉を探すのに六、七ページ探さなくてはならないものがある。どの言葉でも二、三度アイコンを押すだけで見つけられるデバイスなら、ずっと簡単に話せるだろう。ステラがもっと簡単に使えるようになるには、どうすればいいだろう。

ボタンが全部一か所にあっても話をするだろうか？　あるいはボタンが区別できなくなってしまうだろうか？

アパートメント中を歩きまわらないと考えを伝えられないというのは、いいことではない。すぐに思いついたのが、ボタンをすべて近づけることだった。リビングルームの一角をボタン専用の場所にしてもいい。だが、数週間後には中西部に戻って休暇を過ごす予定だった。ボタンの設定を大きく変えるにはあまりいい時期ではない。旅先でもステラが簡単にコミュニケーションできるようにしたいし、ステラが新しい設定にどう反応するかをそばで確認したい。そうすればステラの学習を補助し、修正をする必要があるかどうかがわかるだろう。

感謝祭の週に、わたしはひどい風邪を引いた。その週はずっと、熱があって声が出せず、家から出られなかった。ステラは毎日、ずっとわたしのそばにいた。体を丸めて、わたしの胸に頭をおいて寝ていた。ときどきわたしの顔をなめた。これはステラには珍しいことだった。ベッドの上半分には上がってくることはなかったし、いつもわたしたちの足元にいたからだ。

症状がいちばん重かった月曜日には、ステラはわたしに何も要求しなかった。外へ行きたいとか遊びたいとは言わず、散歩やビーチに行くことも求めなかった。わたしが出かけられないことがわかっていたのだ。昼間に一度だけ、ステラはベッドを下りた。わたしはステラがリビングルームに歩いていくのに聞き耳を立てていた。

「好きだよ」ステラは言った。

ステラはベッドルームに駆けてきて、わたしの横に戻った。

「ありがとう、ステラ。わたしも好きだよ」

その週の後半に、ネットフリックスで興味を引かれたドキュメンタリーの最後の一本を観たあと、わたしはベッドにすわり、何もかけていない壁を眺めていた。図書館から借りてきた本はどれも読んでしまった。少しでも面白そうなものはすべて観てしまった。この日はもう、何もすることがなかった。わたしはステラを見つめた。**ステラが話せることを多くの人に知ってほしい。**わたしはそう思った。**ステラの能力について発表したらどうなるだろう?**

ノートパソコンで新しいドキュメントを開いた。とくに目的もなく、何を書こうという計画もなかった。でも、わたしの指は何から始めればいいのかわかっているような気がした。

「犬に言葉を教える」とページの最初に入力した。その文字を見ていると笑みが浮かんできた。

誰のために書いているのかも、書いてどうするのかも、書きはじめたとしても書きおえられるのかもわからなかった。だが、あらゆる方向から発想がやってきた。大学院で学んだことや言語聴覚士になったことを思いだし、ステラがこれまでに達成したことを思いかえしていた。頭に繰りかえし浮かぶ疑問や、ステラとこれから何ができるかというアイデアを書きだした。わたしはひたすら文字を打ちこんだ。

いつの間にか、画面上《デスクトップ》には新しいフォルダーが作られ、アイデアや疑問、これまでの出来事について書いた文書で埋まっていった。いつの日か、この経験についてすばらしい記事を書き、雑誌に投稿できるかもしれない。あるいは誰かのウェブサイトやブログで取りあげられるかもしれない。なんのあてもなくても、ステラのコミュニケーション能力について思いだし、この物語を適切な時期に発表する方法を考えるのは楽しかった。

犬に言葉を教えるためのヒント

・**2語のフレーズをモデリングする**。短いフレーズで話し、話しながら犬のボタンを使うことで、犬が単語をつなげられるようになるのを助けよう。ひとつの言葉で頻繁に話すようになったら、言葉を組み合わせていないか注意しよう。

・**犬が強い反応を示す言葉をプログラムしよう**。あなたが話すのを犬がずっと待ち構えている、または犬が聞き間違いをしないようにはっきりと言わなくてはならない言葉はないだろうか。理解している言葉は話すこともできるようにしてあげよう。

・**話せるすべての言葉を使えるようにしておく**。犬に求められたものを与えられなかったり、犬が何度も同じことを求めたりするときは、ボタンを片づけてしまうのではなく、「ノー」、「終わりだよ」、「あとでね」といった反応をする。どこまでが許されるか、どれくらいの頻度で求めればいいかを学ぶチャンスを与えよう。言語の社会的ルールを学ぶのは時間がかかる。

第十三章　助けて！

　クリスマスを中西部で過ごして戻ってきた翌朝、ジェイクとわたしはハイキングの準備をしていた。バックパックに荷造りしているあいだ、ステラはリビングルームを歩きまわっていた。

「来て来て来て来て、好きだよ」ステラは言った。昨日再会したときはとても幸せそうだったのに、やがて飼い主たちがまた自分を置いていってしまうのではないかと思い、心配になっていった。しっぽを脚のあいだに丸め、玄関の脇に寄りかかった。ステラは今度こそわたしたちと一緒に出かけたいと伝えていた。

「そうよ、ステラ、来て！　わたしも好きだよ。ハイキングに行くの。ジェイク、クリスティーナ、ステラ、散歩」

　わたしがステラの携帯用水飲みカップをバックパックに入れると、ステラはしっぽを振った。わたしは耳の後ろを撫でてキスをした。「置いていったりしないから、心配しないで、ステラ・ガール」

　わたしもステラに会えなくてさびしかった。それまではせいぜい、週末をはさむ連休のあいだくらいしか離れたことがなかった。ジェイクとわたしは出かけているあいだ、預けている施設のウェブカムに毎日ログインしてステラの様子を確認していた。犬の友達と楽しそうに遊んでいたが、わたしたちがもう戻ってこないのではないかと心配しているような気がしていた。**出かけているあいだ、わたしたちや家のことを考えているだろうか？　いまはこの施設が自分の家だと思っているのだろうか？　それとも新しい友達と遊ぶことしか考えていないだろうか？**

　ジェイクとわたしは、サンディエゴに帰る飛行機のなかで、ステラのボタンを一か所に集めるにはどう配置すればいいかについて意見を出しあった。「巨大なＡＡＣデバイスを作ったらどうかな？　大きな発泡スチロール板を用意して、ボタンをそこに並べるの。職場で使っているデバイスと似たようなものができると思う。ボタンのあいだは、ステラが自由に歩きまわれるだけの幅をとる」ボタンがすべて一枚の板の上にあれば、べつの部屋へ移すこともできるし、旅先にも持っていける。ステラはどこかへ行くたびにボタンの配置を覚えなおす必要もない。ボタンはいつも同じ場所にあるのだから。

　ＡＡＣのデバイスを変更するのはむずかしい場合もある。子供たちのデバイスの設定を変えたことは何度もあるが、どんな反応をするかは子供しだいだ。新しい語彙にすぐ興味を抱いて押してみる子供もいる。いらいらしてタブレットを壁に放ってしまう子供もいる。それまでのデバイスと新しいデバイスを交互に使ってどちらがいいかたしかめる子供もいる。ステラはどうだろうか。

心配もあった。これまでの進歩が無になってしまわないだろうか？　むずかしくしすぎたせいで、言葉でコミュニケーションをする気が失せてしまわないだろうか？　助けているつもりで、話す能力をステラから奪ってしまうことにならないだろうか？　離れた場所に置いているからこそボタンを区別できて、これまではうまくいっていたのではないか？この先は未知の領域だ。飛行機に乗っているときはいい計画だと思えたが、家に帰ってきて、ステラがいまの設定でうまく話せているのを見ると、すべてを変えてしまうのはステラにとってよいことなのかわからなくなってきた。

わたしはこれまで言語聴覚士の立場で、新しいAACシステムを子供に使わせるのが親にとってどれほどむずかしいことかをよく理解していなかった。大きな学習とコミュニケーションの可能性が開かれるということしか見えていなかった。親はその可能性があることを喜ぶものと思っていた。だがむしろ、不安になり、尻込みすることのほうが多かった。現状のシステムはそれまで何年もの時間をかけて使ってきたものだし、それを学ぶのにもかなりの精神的エネルギーを費やしていた。それに、困難にぶつかった子供のストレスを家で間近に見ることになる。だからこそはじめから、その後何年にもわたって子供の言語的な成長を支える適切なシステムを導入することが重要なのだ。子供にとってよいデバイスとは、長期的な発達を支えられるものだ。大がかりなＡＡＣの変更をしなければならない事態は望ましくない。ステラの場合の大きな違いは、可能性がどこまであるか、何を目指しているかがわたしにもわかっていなかったことだ。わたしたちは一歩ずつ進歩し、試し、実験し、学びながらここまで進んできた。

オリヴァーのことを思いかえした。デバイスを変更すると、使うことのできる言葉が増え、コミュニケーション能力が大きく伸びた。いま、ステラに変化への適応の機会を与えず、進歩を続けるのを何もせず見ているわけにはいかない。新しいことをやってみるべきだ。さらに成長する機会を与えなくてはならない。グレースが言っていたとおりだ。「最悪の場合でも、ただ元どおりになるだけ。だったらやってみればいいじゃない」

数日後、一センチほどの厚さの、黄褐色の発泡スチロール板を買ってきた。すぐ動いてしまったり裂けてしまったりしない程度には丈夫だが、簡単に持ち運べる程度には軽い。帰ってくると、ジェイクがボードをリビングルームの角の空いている、玄関から数歩の場所に置いた。わたしはアパートメント中を歩いてステラのボタン九つを集めた。家を空けているあいだにボタンがふたつ（「散歩」と「バイバイ」）壊れていたが、まもなくブザーはあと二セット到着する予定だった。ステラはリビングルームに立ち、わたしの行動をじっと見つめていた。

ボードのサイズは十五個のボタンを設置し、なおかつそのあいだをステラが歩きまわるだけの余裕がとれるくらいはある。これで少なくとも当面は十分だろう。板の左半分に九つのボタンを三列に並べて置き、右半分は新しいブザーのために空けておいた。ステラはボードの上に立ち、新しい設定を見下ろした。

「ステラ、ほら。いつもと同じ言葉だよ」わたしは言った。わたしはボタンをひとつずつ押し、その言葉を口でも話した。ステラはわたしを見上げ、走り去った。カウチに飛び乗り、丸くなってしまった。怖《お》じ気《け》づいてしまったようだ。

「好きだよ、ステラ」わたしはステラの「好きだよ」のボタンを押しながら言った。「ほら、大丈夫」ステラはカウチから飛びおりた。頭を低くし、しっぽを脚のあいだにはさみ、ベッドルームに入っていった。リビングルームで起こった変化が怖いようだ。

その晩はずっとモデリングを続けた。いちばんはじめのころと同じ頻度でモデリングし、ひとつの言葉を数度口で話し、新しい場所に置かれたボタンで押した。どれもステラが知り、使っていた言葉だが、学びなおさなくてはならない。ジェイクの携帯電話でアプリを探そうとしたときのことを思いだした。使っているのはふたりとも同じアプリが多く、アイコンもすべて同じなのに、どこにあるのかまるでわからなかった。ジェイクの携帯電話の画面構成はわたしのものとまるでちがっていた。アプリの場所をジェイクに聞いたり、検索したりして探さなければならなかった。

ステラは一、二メートルのところからわたしを見ていたが、決してボードには近寄らなかった。ベッドやカウチのところまで後ずさったり、わたしの足元へ来て大きな悲しげな瞳でわたしを見上げたりした。ステラの世界は、たったいま大きく変化した。これまで毎日使ってきたものが、いまステラの目にはまったくちがうものに見えている。体の仕草は、愛と助けを求めていた。もし二、三日続けてもうまくいかないようなら、以前の設定に戻そう。

翌朝、ステラと一緒にベッドルームを出た。普段ならステラはしたいことを自分から話すが、今日は助けがいるだろう。ステラは食器のところにまっすぐ歩いていき、「食べる」のボタンが置かれていた何もない場所を足先でつついた。見ていると、ステラはリビングルームに入っていき、ボタンのボードのところへ行って、すべてのボタンを押しはじめた。言葉を発するごとに、ステラは首をかしげ、同じボタンをさらに一、二度押した。これはAAC利用者にとってとても重要な段階だ。ステラはボタンを押してみて、その働きを理解しようとしていた。

一度「助けて」のボタンを押すと、続けざまに「助けて助けて助けて助けて助けて」と言った。その様子は、まるでわたしがジェイクの携帯電話で探しているものが見つけられないときと一緒だった。ステラはボードから下りてわたしを見上げた。

「助けが必要、ステラ？　はい、どうぞ」わたしは床にすわり、目線の高さを同じにした。

手を伸ばし、いちばん上の列の「食べる」を三、四回モデリングした。ステラはしっぽを振り、わたしの顔をなめ、小走りでエサの容器のほうへ行った。

またしても、ステラのコミュニケーションに対する内発的動機の強さを目の当たりにすることになった。動機には内発的動機と外発的動機という、ふたつの種類がある。内発的動機とは、ある行動をしようという個人の内側から来る原動力だ。外発的動機とは、報酬を得ようとして何かをするという欲求だ。ステラが新しいボードを試したとき、わたしはそのコミュニケーションに対して自然な反応をするだけで、ご褒美などの報酬を与えなかった。ご褒美のような外から与えられる報酬は有益に思えるが、こうした外発的動機を与えると、人の内発的動機は長期的には損なわれることが研究によりわかっている。[32] 内発的動機と外発的動機に関する近年の分析では、以下のことが示されている。「百二十八の実験により、有形の報酬を与えることは、内発的動機に相当な悪影響を及ぼすという結論が導かれている。たとえば施設や家族、学校、職場、運動チームが短期的目標だけを意識し、人々の行動をコントロールするならば、長期的にはかなり大きな損失を被る[33]」

内発的動機という発想は、食べものという報酬がなくてもパズルを解こうとする霊長類の研究から生まれた。純粋に好奇心と楽しみからパズルを解くサルは、報酬として干しぶどうをもらったサルよりもつねに成績がよかった。[34] わたしは、機会を与えられれば、犬も強い内的な原動力を示すのではないかという仮説を立てた。ご褒美はステラにとって大事なものではなかった。

ステラは諦めてしまってもおかしくなかった。食べものや水の容器をずっと前足でつつきつづけたかもしれなかった。外へ行きたいときはいつも玄関先で鳴くようになったかもしれなかった。ビーチに行きたいときには、ビーチに連れていくときにつける首輪に触るようになったかもしれなかった。だがステラはそうしなかった。ステラのコミュニケーション能力は、すでに単純に行動を要求するというレベルをはるかに超えていた。ステラには、もう一度それを使うために、自分から新しい言葉の場所を理解しようという動機があった。いま起こっていることや気づいたこと、いつもの習慣から外れたことについて自分の考えを伝えるために、言葉を取り戻す必要があった。


ステラはカウチに寝そべり、オウムのぬいぐるみをずたずたに引き裂いて詰め物の山を作っていた。原因はストレスだ。この二日で、これで玩具をふたつ完全に破壊してしまった。かなり幼いころ以来、こんなことはしていなかった。まるで遊ぶことで不満を発散しているようだった。

鳴くこともかなり多くなった。そのまえには、リビングルームに入っていくと茫然とそこに立ち、どうすればいいかわからず苛立っていた。わたしはステラを撫で、ボールを投げたが、落ち着かなかった。

これほどストレスで苦しむステラを見るのはつらかった。この最初の二、三日のあいだ、ボタンを元の場所に戻そうかと何度も考えた。能力の進歩はここまでで止まってしまったのかもしれない。これほどストレスをかけるだけの価値はないかもしれない。だがわたしは、ステラが持てる能力のすべてを使ってコミュニケーションができるようになるという可能性をあらためて考えた。**あと一日続けよう。**わたしは思った。元の場所にボタンを戻すのはそのあとでいい。

ボタンの位置を変えて三日めに、希望が出てきた。ステラは、この試みにはやるだけの価値があると示してくれた。ボードへ歩いていくと、もう一度すべてのボタンを押した。「助けて」のボタンは、続けて四度押した。

「助けて助けて助けて助けて」ステラはそれまで「外」のボタンが置かれていたドアの脇へ歩いていった。何もない場所をつつき、わたしに吠え、それから「助けて助けて」とまた言った。わたしはボードのところへ行き、「外」を数度モデリングした。それからステラを外へ連れていき、トイレをさせた。

その後、ステラは水を飲みほすと、空の水入れをなめ、「水」のボタンがあった場所をつつき、室内を歩いてきた。

「助けて」とステラは言った。

「ステラは助けが必要？」わたしはボードのところへ歩いていった。「水、水」わたしは口で言いながらボタンを押した。ステラはわたしの足を、好奇心にあふれた生徒のようにじっと見ていた。どの言葉がどこにあるか熱心に学ぼうとしていた。

一週間のあいだ、このパターンがほぼすべての言葉について数回繰りかえされた。ステラはときには何度も「助けて」と言うだけで、元のボタンがあった場所をつかないことがあった。こうしたときはボードの脇にステラと並んですわり、すべての言葉を数回ずつ連続してモデリングした。まるでふたりだけのコミュニケーションの世界に入ったようだった。

「助けて」ステラが言った。

わたしはボードのところへ歩いていった。

「好きだよ、助けて」ステラはしっぽを振って近づいていくわたしを迎えた。

「わたしも好きだよ、ステラ。また助けが必要なの？」わたしはまずボタンを押しながら、ゆっくりとそれぞれの言葉を口で言う。「好きだよ、遊ぶ、外……」

ステラはしっぽを振り、ボードの上に乗って、新しい設定でははじめて「外」と言った。

「オーケー、じゃあ外へ行きましょ、ステラ」

このとき、ステラの言語スキルと問題解決能力はとても高く、自分が助けを必要としていることをしっかりと意識していた。ステラはこんな厳しい状況でも知性を十分に発揮して、新しい設定を理解するための創造的な方法を見つけた。「助けて」は、それまでステラがあまり使っていなかった言葉だった。ところがこの不慣れな状況で、それを繰りかえし使って自分の言葉の位置を学習したのだ。

ステラは日ごとに新しいボタンに慣れていった。自分でもいくつかのボタンを押して鳴る音を確認し、ジェイクとわたしがモデリングをすると注意深く見ていた。当然のことだが、ステラは好きな言葉から覚えていった。ボードを設置して最初の週の終わりに、わたしは予約のキャンセルがあったので仕事中に家に戻って昼食を食べた。ステラはいつもどおり幸せそうに挨拶した。

「ビーチビーチビーチビーチビーチ」とステラは言った。

本当にビーチに行きたいわけではないのかもしれない。まだ試しにボタンを押しているのかもしれない、とわたしは思った。ランチで帰宅することはめったにない。だから平日の昼間にビーチに行きたいと要求するのがステラにとって普通のことなのかどうかわからなかった。サンドイッチを頬ばりながら、反応せずにいた。

「ビーチビーチ」ステラはまた言った。ステラは振り向いてこちらを見た。ドッグビーチでつける首輪のところへ歩いていき、そのにおいを嗅いで、またわたしを見た。

ステラはわたしの考えが間違っていたことを示した。わたしはとてつもなく幸せな気分だった。

「ビーチは駄目よ、ステラ。ごめんね。でも、外へ出ましょ」わたしは足で「外」を二度ほど押し、中庭に連れていった。「ビーチ」を復習する機会はきっとすぐに訪れる。

設定を変えてちょうど一週間後には、ステラは以前と同じように話せるようになっていた。それぞれの言葉を話す頻度は、設定を変えるまえと同じくらいだった。つまり、ステラは新しい言葉の場所をすべて覚えたということだ。以前と変わらないおしゃべりに戻っただけでなく、ステラはボードを自分の拠点のようにしはじめた。玩具を持ってきて空いたスペースに置き、そこにすわり、何度もなめるようになった。床に横になって、ボードに頭を乗せて昼寝することもあった。ボタンを動かすまえ、アパートメントのこの場所には自分から来ることはなかった。ステラはデバイスを自分の所有物にした。それが自分のものだとわかっていて、近くで時間を過ごしたがった。

子供たちも、ある段階に達するとこんなふうにデバイスを扱うことがある。トーカーを所有物と感じ、自分のものだと認識すると、できるだけそれを持ってまわり、抱きしめ、ほかの人がそれに触れないように手をはねのけたりする。ステラが自分のボードのそばで過ごしたがり、自分のものだと主張するようになったのは嬉しかった。ステラはつねにストレスを受け、途方に暮れていた一週間前の状況から、自分でボタンを押してみたり助けを求めるようになり、さらには以前と同じコミュニケーションのパターンを取り戻して長い時間ボードのそばにいるようになった。来週はどんなことが起こるだろう。

ステラは雨が苦手だった。南カリフォルニアでは雨は少なかったが、いざ降りはじめると、ステラは気もそぞろになった。散歩に連れていこうとすると、玄関へ駆け戻ろうとした。トイレのときも、あまり濡れない中庭の階段の下にしか行こうとしなかった。雨の日は、アパートメントのなかで跳ねまわった。長い散歩もビーチで走りまわることもできず、エネルギーがありあまっていた。雨が三日も降りつづくと、長いこと散歩にもビーチにも出かけないことになった。

ステラは鋭い、高い声で吠え、その音がアパートメントの壁に反響した。そして、ボードのところへ元気よく駆けていった。

「ビーチ、ノー」ステラは言った。わたしを見て、また吠えた。

「そうね、ステラ。このところビーチには行ってない。ノー・ビーチ。雨降りだからね」

ステラは鳴き、窓の外を眺めた。

「さあ、おいで。玩具で遊びましょ！」

ステラは玄関の前で不満げな態度をしている。

「しょうがないでしょう、ステラ。さあ遊ぼう！」

「ノー」ステラは言った。また鳴いて、前足で頭を抱えて寝ころがった。

ステラはそれまでの言語使用をはっきりと上回っていた。濃密な一週間の再学習のあとは、ほぼ話すたびに言葉をつなげるようになった。考えている途中で室内を動かなくてもよくなったので、フレーズを作るのがかなり楽になったのだろう。いままでよりも話し、さらに多くの新しい言葉を生みだすようになった。

すべての言葉の位置を知っているのに、ときどきボードの上を歩いているときに後ろ足でボタンを作動させることがあった。これが起こるたびに、ステラははっとして後ろ足のほうへ振りかえり、わたしを見た。まるでそう言うつもりではなかったと伝えようとしているようだった。最初の週には、ボードの上を歩くたびにこうした打ち損ないをしていた。だがいまでは、ボードに慣れ、ボタンの列に触れずに慎重に歩けるようになるにつれ、ミスが減ってきた。学ぶ機会と時間を与えれば、ステラはかならず成長した。

新しい設定にして十日め、雨が続いた日に、ステラは新たな節目に達した。

「助けて、ビーチ、好きだよ」と、ステラは言った。

ジェイクはキッチンから走ってきた。「いまのはステラ？」

「そうよ」とわたしは言った。ステラはいま、雨のせいで数日ビーチに行っていないという状況で、単語とフレーズを意図的につなげたのだ。これまでステラがわざと三つの言葉を連続して言ったのは、試しにボタンを押しているのが明らかなときだけだった。だが今回はちがう。それぞれのボタンを意図的に選んで押していた。できたフレーズはいまの状況に合致している。どうしていいかわからないとき、「助けて」と言うのは普通のことだった。また、「好きだよ」をほとんど「お願い」のように使うのもよくあることだった。要求に対してわたしたちがノーと言うと、「好きだよ」とよく言っていた。

ボタン三つのフレーズを話したことにジェイクとわたしが驚いているあいだも、ステラは話しつづけた。

「好きだよ、水」ステラはビーチ用の首輪の脇に立っている。ステラは「水」を、ビーチの言い換えとして使ったのだ。自分の要求が受けいれられていないとき、ビーチに行きたいとお願いするべつの方法を見つけたわけだ。これは完全に新たなレベルの複雑性だ。

ステラが新しいボードを使いはじめたこの十日間で、多くの希望が生まれ、背中を押された。新たなことに挑戦しないと、新たな結果は得られないという信念をさらに固めてくれた。最初からこうした設定でステラに言葉を教えていたら、どうなっていただろうか。ステラが言語使用の新しいレベルに達するたびに、さらに多くの疑問やアイデアが浮かんでくる。ステラはもっと早くから言葉をつなげただろうか？　あるいは自分が求めているものの横にボタンがあるわけではないため、学習にもっと時間がかかっただろうか。もっと早く、あるいは最初からこうしていたらどうだったかはわからない。わたしにできるのは、パターンを観察し、問いを立て、さまざまな解決策を考えながら、一歩ずつ前に進みつづけることだけだ。いつの日かわたしがもう一匹犬を飼うか、ほかの誰かが最初からすべての言葉を集めたボードを使って教えれば、学習速度の比較ができるかもしれない。とりあえずいまは、ステラが新しい設定に慣れたので、ボードの空いているところに言葉を補充するときだと感じていた。

犬に言葉を教えるためのヒント

・**デバイスの設定を変えるときには、犬を手助けしよう**。自分から言葉を話すようになってしばらく経っていても、言葉の位置が変わってまた同じ段階まで到達するには飼い主の助けが必要だ。

・**とことんモデリングする**。最初と同じくらいモデリングをしながらひとつひとつの言葉を教えよう。それぞれの言葉が使われるのを見る回数が増えるほど、新しい場所を覚えやすくなる。

・**できるだけ簡単にコミュニケーションができるようにする**。1枚のボードにすべての言葉を置くことに決めたら、犬がすべてのボタンに触れられ、ボードの上やボタンの列のあいだを歩けるようにしよう。

・**犬に学ぶチャンスを与えよう**。2、3日進歩が見られないと、以前の設定に戻したり、やめてしまったりしたくなる。けれども、適応や学びなおしには時間がかかる。考えなおすまえに少なくとも1、2週間は続けよう。

・**犬のコミュニケーション・パターンに注意する**。設定を変えるまえと同じように言葉を使いはじめたら、以前と同じレベルに到達し、さらなる進歩への準備ができている。

第十四章　自動化

「ステラはわたしたちの名前を呼ぶかな？」わたしはジェイクに尋ねた。カウチにすわり、新品の録音可能アンサーブザーふた箱を眺めている。ステラのボードに加える言葉のリストはすでに三十語ほどあった。だがこのときは、追加できるのはあと六語だけだった。選択はとてもむずかしかった。ステラには話せる可能性があるすべての言葉を話せるようになってほしい。わたしはまた自問した。**わたしたちが話すのをステラがいつも聞いている言葉は何か？　ステラがすでに理解している言葉は？　どの言葉があれば、さまざまな経験についてステラが伝える役に立つだろう？**

幼児が言葉をつなげるとき、最初に見られるもののひとつが、動作や対象と人の名前を一緒に言うことだ。たとえば「ママ、ブーブー」とか、「パパ、ボール」のように。[35] ステラはすでに言葉をつなげているので、いまのスキルにふさわしいフレーズを作るチャンスを与えたかった。わたしたちの名前を加えれば、ステラは誰といたいか、誰に話しているかを伝えることができる。ステラはわたしたちが出かけているとき、ジェイクやわたしのことを考えているだろうか。そこにいない人と会いたいと言うだろうか。それとも、そのとき家にいる人のことだけを話すだろうか。外へ出たり散歩に行ったりするとき、連れていく相手を指名するだろうか。ジェイクやわたしがしていることについて述べるのではなく、自分がしたいことを伝えるときに自分の名前を言うだろうか。

わたしは新しいボタン六つのうち三つに、「ステラ」「ジェイク」「クリスティーナ」と録音した。

「ママ」や「パパ」ではなく、「クリスティーナ」、「ジェイク」という名前を使うことにした。ステラは「ママ」や「パパ」という言葉を聞いたことがなかった。わたしたちと暮らしはじめてもうすぐ一年だが、そのあいだわたしたちが名前で呼びあうのを聞いていた。ステラがわたしたちの名前を聞きわけ、理解していることはわかっていた。仕事のあと、ステラに「ジェイクが帰ってくるよ」と言うと、ステラは窓の外を見てジェイクの車を探した。ドッグビーチでは、ジェイクがよく「クリスティーナを探そう」とステラに言っていた。するとステラは走りまわってわたしを見つけた。また、わたしたちはステラと一緒にしていることを、自分たちの名前も添えて実況していた。「ステラ、ジェイク、散歩」や、「ステラ、クリスティーナ、外で遊ぶ」といったフレーズは定番だった。

しばらくまえに壊れていた「バイバイ」と「散歩」のボタンを取り替えたので、今回加えられる新しい言葉はあとひとつだった。いまの語彙で、ステラは自分がしたいことや行きたい場所を伝え、助けを求め、「ノー」と拒絶することができる。だが、わたしたちがしていることが気に入ったと伝える方法はなかった。「ステラがいいことをしたら、わたしたちはいつもいい子だねって伝えてるよね。ステラだって、わたしたちがステラの目線でいいことをしたら、それを伝える方法を持つべきだと思う」とわたしはジェイクに言った。わたしは六番めのボタン、「いいね」をプログラムした。

ステラの言葉を見ながら、わたしは大学院でのAACの授業を思いだしていた。九個から十二個の単語だけを使ってコミュニケーション・ボードを作り、口を開かずにそれだけで会話をしてみたことがあった。ボードで話しあうと、選んだ言葉が効果的かどうかがわかる。何度も言葉選びに詰まるようなら、変更が必要だ。自分が使うありふれたフレーズをステラのボードで話すとどうなるか、ひとりでテストした。「いいね、ステラ」「ステラ、外、遊ぶ」「クリスティーナ、助けて、ステラ」「ジェイク、クリスティーナ、食べる」「好きだよ、ステラ」「ノー、ビーチ、散歩」右足で押してみる。これまでのところは悪くない。これで使えるフレーズがたくさん話せるようになった。

学習者が使っているデバイスの言葉の配置に慣れてくると、コミュニケーションの相手によるモデリングははるかに有効になる。いまの練習で、わたしは体で覚え、ステラに話すたびにボードで探さなくてもすばやくモデリングできるようになっていた。運動学習による言語習得（LAMP）を用いたセラピーの訓練を受けたことがあるため、それぞれの語の位置を早く覚えることの重要性はわかっていた。ワークショップの発表者はわたしたちに、コミュニケーション・デバイスで新しい言葉を五回連続で言ってみてくださいと語った。そのとき利用したデバイスは、十五語くらいしかないステラのボードとはちがって数千語が登録されたものだった。ひとつの単語を五回言うと、目を閉じてもう一度同じ単語を言うように指示された。目を閉じても言うことができるか、はずれるとしても数センチ程度だった。それは、単語の位置を体で覚えたからだ。これもやはり、単語の場所を変えなかったために、自動的に探すことができるのだ。運動学習が有効なのは、タイピングやコミュニケーション・デバイスによる会話だけではない。わたしたちは多くの活動を体で覚えていて、自分の脳や体が何をしているかを意識さえしていない。靴の紐を結ぶとき、運転中にギアチェンジするとき、食器入れを見ずにそこからフォークを取るとき、振り付けどおりに踊るとき、楽器を演奏するとき、繰りかえしによって動きを覚えていれば、体は自動的に動いてくれる。

「ステラ、来て、遊ぶ」わたしはモデリングした。

ステラは小走りでリビングルームに来た。

「ステラ、クリスティーナ、遊ぶ」そう言ってから、ボールを部屋の向こうへ投げた。

ステラはたいてい二語を、ときどき三語をつなげて話すようになっていたので、できるだけ三語か四語のフレーズをモデリングするようにしていた。こうした短い発声でステラに話しかけるほかに、ステラが一、二語のフレーズを話したとき、そこに言葉をつけたしていた。これは「拡張」と呼ばれ、一般的な言語促進のテクニックだ。[36]ステラが「食べる」と言ったら、わたしは「ステラ、食べる」や「ジェイク、クリスティーナ、食べる」と応じる。ステラが「来て、外」と言ったら、「クリスティーナ、来て、外」や「来て、外、遊ぶ」と答える。ステラの発声をこうして拡張することで、将来どの言葉をそのフレーズにつけたすことができるかという見本を示すことになる。ステラが「外」と言うたびにかならず「ステラ、外」と答えていたら、「外」とほかの言葉を結びつけて、たとえば「外、いいね」「遊ぶ、外」「散歩、外」「ノー、外」といったフレーズを作るのはむずかしくなってしまうだろう。できるだけいろいろな答えをして、言葉にはさまざまな使いかたがあることをステラが理解できるようにした。

ステラのボードに六つの言葉を追加した日、ステラは元からの九つのボタンを変わらず使いつづけ、そのあとで新しい言葉を試していた。自分のボードが埋まったことはあまり気にしていないようだ。言葉が増えても、使いかたは変わらなかった。ボタンの数を増やしてもステラが体で覚えた元の言葉の配置には影響が出ないとわかったのは嬉しいことだった。これはコミュニケーション・デバイスの設定に欠かせない基準だ。語彙を増やすたびに話しかたを学びなおさなければならないとしたら、現在のコミュニケーションをさらに広げるよりも、学びなおしに精神的エネルギーのすべてを注がなくてはならなくなる。

ステラはボードのところへ走っていき、新しいボタンを押してまわり、まったく間を置かずに三、四回ボタンを叩いた。左右に首をかしげながら、それぞれのボタンの発する言葉を聞いていた。いわば、自分のデバイスで喃語を話していたのだ。コミュニケーションできるようになるには、誰でも喃語によって試してみる時間が必要だ。AAC利用者が言葉の適切な使いかたを学ぶには、デバイスででたらめにボタンを押してみるしかない。そうしてそれぞれの言葉を聞き、周囲で何が起こるかを観察する。だからAAC利用者が「ひたすらでたらめにボタンを押している」ように見えたら、それはごく普通のことで、その言葉をきちんと話せるようになりつつあることを示す重要な指標なのだ。

「ステラ、ステラ、ステラ、ステラ、ステラ」ジェイクとわたしのところに、リビングルームから声が聞こえてきた。

リビングルームの隅を覗くと、ステラはボードを見下ろしていた。繰りかえし前足を持ちあげては振りおろしていた。「自分の名前の言いかたを練習しているわ」わたしはそう言って微笑んだ。

「いいね、ステラ」わたしはモデリングした。「好きだよ、ステラ」

ステラはしっぽを振った。

ステラは新しく加えた言葉のなかでまっさきに自分の名前を練習した。それは「散歩」や「ビーチ」と言えることを発見したときの反応とよく似ていた。わたしたちが一日に何度も呼ぶのを聞いていた名前を話す力を手に入れたのだ。おそらく「ステラ」は、ジェイクとわたしが話すなかで最も多く耳にした言葉だろう。これほど早くそれを言えるようになったのは当然のことだと思えた。幼児はおよそ生後二十一か月から二十四か月、二語のフレーズでいつも話し、ときどき三語のフレーズを使えるようになったころ、自分を名前で呼べるようになる。[37] ステラはこのとき、それと同じパターンを示していた。

「いいね、バイバイ、散歩、クリスティーナ」ステラは右足で試しに押した。つぎつぎにさまざまなボタンを押し、言葉を試していた。ボタンの列を左のほうへ行き、偶然、「ジェイク、クリスティーナ」と後ろ足で押した。ステラは予想してなかった言葉が聞こえたので、ボードからすぐに下りた。デバイスのまわりを二周まわり、またそれをまたいで、「外」と言った。ステラは玄関のほうへ歩いていき、わたしのほうを見た。

「ステラ、クリスティーナ、外」わたしはモデリングした。「行きましょ！」

ステラが言葉を学びはじめてから、言葉によって明確なスキルの差があることが見てとれたのはこれがはじめてだった。ステラはボードの左半分のことをよく知っている。この九語は何か月も使ってきた言葉で、すぐに新しい場所を学びなおし、いまも毎日ステラなりの組み合わせで使っている。ボードの左側に向かったときは、確信を持ってそれぞれのボタンを前足で押す。もうボードを目で確認する必要もないので、押しながらわたしを見上げることも多い。動きは自動化されていて、まるで優秀なタイピストが文章を入力しているようだ。

ところがボードの右半分には慣れていない。ボタンを作動させようとして、前足でボタンをうまく押せずに滑ってしまうこともある。自分が求めているものを探して、ステラはいくつかのボタンを連続で押した。後ろ足でうっかりボタンを作動させてしまうことも多かった。状況は手に取るようにわかる。デバイスのなかに、運動学習の習熟段階のちがう言葉が混ざっているのだ。

運動学習には三つの段階がある。第一段階は認知段階で、「その特徴は行為の出来映えのばらつきがかなり大きいことだ。学習者は自分が間違ったことをしているかどうかや、どうすればうまくできるかがわかっていないことがあり、補助を必要とする」。第二段階は連合段階と呼ばれ、「学習者はスキルを洗練させようとする。より正確に反応できるようになるが、間違いもする」。最終段階が自動化段階で、「意識的に考えなくてもよくなる。学習者は補助なしで、多くの場合にいくつかのタスクに意識を分散させて行為を行うことができる」[38]。ステラは元からの言葉に関して自動化段階に入っていた。だが新しい六つのボタンについては、まだ第一段階にいる。

追加した言葉の意味をすべて理解していることはわかっていたが、使いかたは学ばなければならなかった。キーボードの左半分しか触れられない状態でタイピングの練習をしたときの感覚を想像してほしい。そしてそれをマスターしたあとで、右半分に触れられるようになる。アルファベットはすべて知っていて、文字ごとの使いかたもわかっていても、キーボードの右側をいつどのように使うかを体で覚えなくてはならない。体で動作を覚えるには、時間をかけて各段階を辿っていかなくてはならないのだ。

ステラがまだ新しい言葉の使いかたを学びつつあったときに、姉のサラが夫のスティーヴンと週末の連休でサンディエゴを訪れた。わたしはステラのために作ったボードを早く見せたかった。ステラとも引っ越し以来の再会になる。

ステラは訪問者が大好きで、できるだけ自分に注目を集めたがった。サラとスティーヴンがはじめて来たときは、おかしなほど体をよじらせ、足元で寝ころがってお腹を撫でてもらおうとし、いつも笑顔だった。ふたりがカウチにすわると、ステラはあいだに割りこんで交互に撫でてもらったり、耳の後ろをかいてもらったりした。

突然、ステラはカウチから飛びおりた。リビングルームの反対側へ歩いていき、ボードの前で止まった。

「好きだよ」ステラは言った。そしてカウチに戻り、サラとスティーヴンを見つめ、しっぽを振った。またカウチのふたりのあいだに飛びあがった。

「すごい。わたしたちに話しかけてたわ」とサラが言った。「わたしたちも大好きだよ、ステラ」

ステラの耳は後ろに倒れていた。ふたりの顔をなめようとした。ステラはサラとスティーヴンのあいだでとても幸せそうだった。

「わたしたち以外の人に『好きだよ』って言ったのははじめて」とわたしは言った。「これは名誉なことね」

ステラはサラとスティーヴンの態度に満足しきっていた。してほしいことを伝える必要もなかったが、ステラはカウチを離れ、部屋の反対まで歩いていってサラとスティーヴンに好意を持っていることを知らせた。「好きだよ」と伝えるために、わざわざそこまで行ったのだ。

ステラの意思は明らかだった。ジェイクとわたし以外の名前は話せないが、言葉とアイコンタクトを組み合わせ、そのあとでまた近くに行くことで、ふたりに向けた言葉だということを明確にした。ステラは自分が使える言葉に制限されたりしなかった。言葉と身振りによって、より特定された意味を伝えたのだ。

幼児が話したのが単語なのか、ただの喃語なのかをどうやって判断できるのかと保護者に聞かれることがよくある。偶然出た音なのか、意味のあるものなのかを判断するのはむずかしい場合もある。フロリダ・アトランティック大学言語発達研究所で所長を務めるエリカ・ホフ博士によれば、単語とは「意味を表す、独立した音の連なり」[39]だ。つまり、音やジェスチャーは、子供がそれに一貫した意味を与えれば単語として認められるということだ。音やジェスチャーを単語とみなせるかどうかを決定するうえで、話した言葉と同じくらい重要なのが、周囲で起こっていることだ。たとえば、赤ん坊が一日中ずっと、あるいは脈絡なく「バー」と言っていても、それは単語ではない。喃語か、試しに音を出しているのだろう。だがその赤ん坊が、ボールで遊ぶときやボールを指さすときはかならず「バー」と言うのなら、そこには意味が込められているので、「ボール」を意味するその子の言葉だと考えられる。ＡＡＣ利用者にも同じことが当てはまる。異なる状況下で文脈に関連した単語を話しはじめたら、それは彼らの能力を表していることになる。

ボードに言葉を増やして一週間ほどで、ステラは新しい言葉を適切な状況で使いはじめた。ある平日の朝、ジェイクは普段より早く起きて、仕事のまえにいつもよりはるかに長い散歩に連れていった。帰ってくると、ステラは息を乱して笑顔でなかに入った。ジェイクがリードを外すと、すぐにボードへ歩いていった。だがボタンを押さず、まるで考えを伝えるにはどう言えばいいんだろうと考えるように、しばらくボタンの列を見下ろしていた。ステラは左の前足でボードに並んだボタンの列のほうへ踏みだして、右足を上げた。

「いいね、ジェイク」

「ええっ」わたしは驚いた。

「いいね、ジェイク、散歩?」とジェイクは言った。「好きだよ、ステラ」

ステラはまだ笑顔で、荒い息のまま床に下りた。

その日の朝は、わたしのほうがジェイクよりも先に家を出た。その五分後、ジェイクからメールが来た。「ステラが『クリスティーナ、バイバイ』って言ってたよ。窓から外を見てた!」

ステラは二回続けてわたしたちの名前を明確に使い分けた。これでいくつかの問いについては答えがわかってきた。ステラはたしかにわたしたちの名前を使うし、家で一緒にいないときにもわたしたちのことを考えている。その日仕事のあと家に帰り、ステラがもっと新しい言葉を使うかどうかを確認するのが楽しみだった。

アパートメントの外でも、ステラが周囲の環境を知り、意識していることに気づいた。その日の午後、わたしは何マイルものビーチと広い芝生のある巨大なドッグパーク、フィエスタ・アイランドにステラを連れていった。車から十五分ほど歩いたとき、気がつくと雨が降ってきた。見上げると、暗い灰色の雲が真上を通りすぎていった。ジャケットも傘も持ってきておらず、まわりには木もない。足早に歩いたが、一分ほどでひどい土砂降りになった。地面は滑りやすい泥になっていて、走れば転んでしまいそうだ。ステラはわたしをおいて前方へ駆けていった。どこへ行くつもりだろう? 何かを追いかけているとき以外で、こんなにすばやく走ったことはなかった。

ステラは十メートルほど先で傘をさして歩いている女性に追いついた。そしてその真下に入り、濡れるのを防いだ。女性は立ちどまり、あたりを見渡してステラがどこから来たのか確認した。女性はわたしに向かって手を振り、追いつくのを待ってくれた。

「傘の下まで走って来るなんて信じられないわ……賢い犬なのね」女性は笑って言った。


数日後の晩、ステラはボードのところへ歩いていった。そしてすぐに、「外」と言った。わたしは黙っていた。言葉をさらにつけたして思考を表現しようとしているのかもしれない。

「ステラ、ステラ、ステラ、ステラ、ステラ」

まだ終わりではない。ステラは頭を下げ、ボードの反対側、上端のほうへ歩いていった。

「散歩」言葉を足す。

そしてドアを前足でつつく。「来て、外」

ステラはわたしを見て鳴いた。メッセージは終わりという合図だ。

「わかった、おいで。外に散歩に行きましょ」わたしは言った。

全部つなげると、ステラが話したのは「外、ステラ、ステラ、ステラ、ステラ、ステラ、散歩、来て、外」だ。外へ散歩に行くことに関連した、ほぼすべての単語を結びつけていた。四つの単語を使い、合計八つの単語で話した。フレーズの途中ではドアをつつく身振りまでしてメッセージに加え、意図的な言葉であることを明確にしている。これは完全に新しいレベルに達している。一、二語を話すだけではない。ステラは完全にすべてのコミュニケーションの形と知っている単語を使い、わたしに自分の望みを伝えた。ＡＡＣ利用者には普通のことだ。子供たちがある活動を終わりにしたいとき、「おしまい、ノー、やめる、ここまで、バイバイ」といった言葉を話すのはとてもよくあることだ。自分の言いたいことを伝え、間違いなく理解してもらうためにすべての単語を選ぶ。こうしたことがよく起こるのは、ＡＡＣを利用する子供たちがあまりに多くの誤解を受けているからかもしれない。ステラは明確に自分のメッセージを伝えた。

翌朝、ステラはベッドから飛びおり、リビングルームに小走りで向かった。

「外」とステラは言った。

ジェイクとわたしはまだベッドに横になっていて、起きあがれなかった。

「ステラ、おいで」ジェイクが言った。

十秒くらいの沈黙。

「ステラ、バイバイ」ステラが言った。

ジェイクとわたしは笑った。

「クリスティーナ、連れていってくれる？」ジェイクが言った。

ふたたび沈黙。

「ジェイク」ステラは言った。

わたしは吹きだした。「ご指名よ！　あなたがステラを連れていかなくちゃ」ジェイクは目を丸くして笑った。ジェイクが行くと、ステラは玄関で彼を待っていた。

ステラは明らかに、わたしが可能だと思っていたよりもはるかに高いレベルに達していた。わたしたちはアパートメントのいたるところで、わが家の一歳になる犬と本物の会話を交わしていた。この二日間、ステラのコミュニケーションにとてつもないことが起こったことで、この探究を多くの人に知ってほしいという気持ちがふたたび目覚めた。これほど革命的なことがわたしの家で起こっており、しかもそのことを知っている人はほかに誰もいないということが信じられなかった。このことについて多くの人々に伝える適切な方法を見つけたいし、自分の犬に言葉を教える人が増え、わたしたちのペットが実際にはどれほどの知性と複雑な思考の持ち主なのかを知ってほしかった。

仕事のあと、わたしは感謝祭の週に風邪を引いて家にいたときにステラについて書いたものを読みなおした。書きかけの部分から、それ以来のステラのコミュニケーションの進歩について新たな情報を加えた。大学院時代の親友でやはりAACに詳しいサラに電話した。

「これまでの経験についてのブログを書きはじめることにしたんだ」とわたしは言った。

「まるであてはないけど、ステラが話していることは多くの人に知られるべきだと思う。

「あなたのファンにちょっと絡ませて」

「これはいつかステラという存在を超えていくと思う」とサラは言った。「あなたのファ

ミリーネームと絡ませたら？　たとえば……言葉への切望《ハンガー・フォー・ワーズ》とか」

聞いたとたんにピンときた。これだ。

犬に言葉を教えるためのヒント

・**名前などの名詞を加える。**これでより具体的なメッセージを伝えられるようになる。

・**与えた語彙が適切かどうかをテストする。**犬のボタンを使って、自分がいつも使う言葉やフレーズを話してみよう。いつものフレーズをたくさん話すことができたら、語彙の選択は適切だと思っていい。

・**3語か4語のフレーズの手本を示す。**犬が言葉をつなげるようになったら、つぎのレベルアップに向けてモデリングをしよう。わたしの経験では、犬の言ったことに1語つけたすとよい。そうすればより長い言葉を話せるようになる。

・**運動学習の段階を利用する。**体で覚えはじめた段階の言葉と、自動化された段階にある言葉が混在していることがある。自分から自動的に話せるように学習している段階の言葉については、モデリングと合図を継続しよう。

・**時間をとって待つ。**言葉をつなげる能力を示していたら、そのための時間を与えよう。1語の言葉にすぐに答えず、犬がメッセージに言葉をつけたすかどうか5秒から10秒ほど待ってみよう。ＡＡＣによるコミュニケーションには時間がかかる。犬が自分の考えていることを最後まで言えるようにしよう。

第十五章　ハンガー・フォー・ワーズ

姪の誕生日パーティのためサンディエゴからインディアナポリスへの飛行機に乗り、本と音楽を楽しもうと思って座席についた。ところが思ってもみなかったことに、初対面の人に向かって、ステラに言葉を教えていることについてはじめてかなり詳しく説明することになった。隣にすわったのは巻き毛で笑顔の明るい若い女性だった。

「心から情熱を抱いているものは何？　休みのときは何をしている？」と質問された。これは楽しいフライトになりそうだ。ずっと自分の世界に入っているより、深い会話ができるならそのほうがいい。温かく熱心な聞きかたで、わたしの話を受けいれてくれそうだった。

「その質問、最高ね。そう……わたしは言語療法に情熱を抱いていて、自分の犬に言葉を教えようとしているの」

相手の表情が固まった。そんな答えが返ってくるとは思っていなかっただろう。「動画もあるの」わたしはＡＡＣと言語聴覚士の仕事について説明し、バッグから携帯電話を取りだした。ステラが言葉をつなげ、ビーチで遊びたいとか外で散歩したい、お腹が空いたと伝えようとしている動画を見せた。

フライトの残りの時間は、どうやってこれを多くの人に知らせるかについて意見を出しあった。書きはじめた記事を読んでもらい、フィードバックをもらった。彼女は飛行機のチケットの裏面に、言葉を話す犬に関心を持ちそうな企業や組織のリストを書きだしてくれた。はじめて会った人に、わたしは数時間かけて、ステラとのコミュニケーションや今後の展望、犬が人と話せることがわかったら、社会はどれだけ変わるかについて話していた。相手はその話に心をつかまれ、フライトのあいだずっと意見を出し、一緒に未来を夢みることにつきあってくれた。

これがわたしの情熱だ。わたしはどうしてもこの情報を多くの人々と共有し、こんなことができるのだと伝えたい。いつでもそのことを考えている。つぎの段階に進むためにはかの分野の専門家とのつながりが欲しかった。わたしはどこへ行くときも、まだほかの人たちが気づいていない犬の可能性と言語療法の力というこの大きな秘密を抱えているように感じていた。

二〇一九年の春はずっと、週末と平日の晩にはウェブサイト作成について考えていた。これは簡単そうに思えた。ウェブサイトはつぎつぎに作られている。みんなができるなら、きっとわたしにだってできるだろう。ところが、すぐにそうではないとわかった。ウェブサイトに載せるコンテンツを作成する以外に、レイアウトや配色、フォント、フォーマットなど、決めなくてはならないことがつぎつぎに出てきた。しかもウェブサイト作成のプラットフォームとか検索エンジン最適化といった、わたしには外国語のように訳のわからない言葉について熟知していなければならない。まるで知らないことだらけだった。一回で完璧なウェブサイトはできないだろうが、真剣な取り組みであることは伝わってほしい。わたしにとって、これは趣味の範囲を超えていた。信頼に足る専門家として新しい発想を人々に紹介する機会だった。

機能的で見た目も悪くないものを作ろうと、数週間は週末になるとコンピュータと格闘した。四月二十五日にブログ（www.hungerforwords.com）を立ちあげた。最初からステラが言葉をつなげはじめるまでのいきさつを書いた「犬に言葉を教える」と、ステラに教えるために選んだ言葉に関する「ステラのボタン」という記事が二本と、最初に話した日から撮《と》っている動画、わたしとステラに関する情報を公開した。シンプルで色鮮やか、機能的で、こうしたものを自分で作るのははじめてだった。ステラがはじめて言葉を話したのは一年ほどまえだった。いまわたしは、そのときとまるでちがう地方で暮らし、ステラのコミュニケーション能力に関するウェブサイトを立ちあげている。十二か月で起こった変化はとても大きかった。わたしは情報を発表する場所ができたことが嬉しく、これからも探究しようという気持ちになれた。まだ誰にも知られてはいないけれど、自分でこのブログを作ったからには、責任を持たなくてはならない。これがわたしの目標だ。この活動に注目を集め、自分の観察を広く知らせなくてはならない。

まずは知りあいにブログを公開した。家族や友人、大学院の教授や教科主任、現在と過去の同僚にメールで知らせた。熱心な反応があったので、勇気を出してもう少し幅を広げ、言語聴覚士のフェイスブックのコミュニティでも共有した。ソーシャルメディアにログインするのは数か月ぶりだった。カリフォルニアに移るまえに携帯電話のアプリを削除してから、ずっと見ていなかった。ソーシャルメディアに空いた時間を奪われず、考える時間が確保できて、とても自由を感じていた。もう一度ログインすることにはためらいもあった。昔の習慣にははまりたくなかった。だが、ステラの物語とAACの力を伝えたいという気持ちは、ソーシャルメディアの中毒に戻ってしまうという恐れよりも大きかった。

ウェブサイトを立ちあげて一週間後、わたしは数千人のメンバーを持つ言語聴覚士のフェイスブックのグループのいくつかにリンクを投稿した。どれもはじめて投稿するグループだった。反応を見るのにいい出発点になるはずだ。わたしがしていることを理解し、認めてくれる人がいるとすれば、それは言語聴覚士のコミュニティだろう。こうすれば、大きな危険を冒《おか》すことなく人々の反応を調べ、ほかの人がわたしのしていることをどう受けとるかを知ることができる。

「犬もAACを使うことができる」とわたしは書いた。「わたしのウェブサイトで、うちのステラが言葉を話しているのを確認してほしい」そのキャプションに、ステラがボタンの脇に寝そべって笑みを浮かべている写真を添えた。

ダイニングテーブルでジェイクの向かいにすわり、「投稿」のボタンを押した。何が起こるかはまるでわからなかった。「何人かは見てくれるかな」とわたしは言った。「このグループは投稿が多いから。埋もれてしまうかもしれない」

「心配しなくてもいいと思うよ」とジェイクは言った。「ほら」彼は自分のノートパソコンの画面をこちらに向けた。たった数分で、わたしの投稿には数百もの「いいね」やコメントが寄せられていた。

その晩のうちに、たくさんの言語聴覚士が個人のページにわたしの投稿へのリンクを貼っていた。数万人のフォロワーを持つ言語療法のアカウントがいくつか、ソーシャルメディアのプラットフォームで共有してくれた。ブログの更新通知を設定する人々が増えた。わたしのプロジェクトに関心を持つ人々のコミュニティができた。興味を持ってくれる人々がはっきりと存在し、しかも増えつづけていた。

ステラはいつ「ビーチ」に行きたいと言えばいいかを理解しはじめた。以前は朝でも午後でも夜でも、いつも行きたいと言っていた。だが、朝にビーチへ行き、仕事に間に合うように戻ってくるのは無理だった。ランチ休憩も同じだ。患者への訪問のあいだに家に戻ったとき、お願いされても応じてやることはできなかった。ステラの願いが叶えられるのは仕事か夕食のあとだけだった。ステラはこのパターンに気づき、コミュニケーションを修正した。朝や午後には「外」や「散歩」と言い、一日の終わりになるとビーチに行くことを要求するようになった。ステラはわたしたちの習慣を学び、それに適応していた。

ステラのスキルは週ごとに高まっていくようだった。三語の組み合わせはときどきではなく頻繁に行われるようになった。午前の二、三時間と夜の数時間しかジェイクとわたしがいなくても、平均して一日におよそ三十回言葉を発するようになった。これは疑いなく特別なことだと、わたしのなかの小さな科学者がささやいた。ステラの進歩をより完全に追跡し、記録すべきだと思った。ジェイクとわたしは表を作って壁に貼り、ステラが話すたびにしるしをつけた。ステラのコミュニケーションに関する物語を記録し、あとでわかるように、そのときの状況も書き添えた。ステラの進歩に関する疑問を書きだし、数日間にわたるステラの言語サンプルを追跡してパターンを見つけ、スキルを評価した。携帯電話で動画を撮り、GoProのカメラをリビングルームに設置して、ステラの言葉をすべて捉えた。何時間もかけて動画をつなげ、場面を切りとり、コンピュータに保存していった。

ステラのコミュニケーションに関するブログを書き、言葉の練習も続けた。幼児との言語療法のセッションのあいだに、ステラはこれが伝えたかったんだとひらめくことがあった。

夜、家でステラといるとき、昼間の状況を思いだして、新しいアイデアをステラに試してみることもあった。ステラは簡単な質問に答えられるだろうか？　ふたつの選択肢を与えたら、選ぶことができるだろうか？　もし「ステラ、欲しい、遊ぶ、それともステラ、欲しい、散歩？」と尋ねたら、「遊ぶ」または「散歩」と答えられるだろうか？　ステラはわたしの言葉の抑揚から、自分たちがしていることを話しているのか質問しているのかを判断できるだろうか？　ほかにも、知りたいことは山ほどあった。

あれこれやることがあったので、ジェイクとわたしは休暇をとることにした。ステラはもう飛行機に乗れるサイズではなかったので、その週はサンディエゴのドッグシッターのところに滞在させることにした。ステラを預ける数日前、ドッグシッターの若い女性に会ったとき、わたしは持参するものを挙げていった。

「犬小屋とベッド、大好きな毛布、ああそれと……ステラはボタンのついたコミュニケーション・デバイスを持っていて、自分の要求を伝えられるんです」

女性は怪訝そうな顔をした。「ええ、いいですよ。全部置くだけの場所はありますから」

数日後、今度は片手にステラのリードを、反対の手にはコミュニケーション・デバイスを持って女性の家を訪ねた。

「これがデバイスです」とわたしは言った。「ステラは欲しいものや、考えていることを伝えると思います」いくつかのボタンを押して、シッターに仕組みを教えた。

「あら……わかりました……」彼女はそう言って頭をかいた。

「きっと役に立ちますよ。お腹が空いているとか、外へ出たいとか、どこへ行きたいかとかを知らせてくれるので」ステラがいつも伝えていることをあれこれ話しているあいだ、シッターはうなずいて聞いていた。

「バイバイ、ステラ」とわたしは言った。「好きだよ。ジェイクとわたしはすぐに戻ってくるから。楽しく過ごしてね！」ステラの額にキスをして、玄関を出た。ステラを置いていくのはとてもつらかった。わたしたちのいないあいだ、幸せで快適に過ごしてくれればいいのだが。

　そこを出て十分後、電話にドッグシッターからのメールが入った。「驚きました。ステラはいま、『クリスティーナ、バイバイ』って言ったんです」わたしはひとりで笑った。わたしが去ったあと、ステラがボードに歩いていってそう言ったときのシッターの顔をその場で見ていたかった。ステラがすでに話していると聞いて嬉しかった。

　旅のあいだに、ステラがビーチで遊んでいる動画が送られてきた。「何度もビーチと言うから、連れていかなきゃと思ったんです」とシッターのメールには書かれていた。またステラは最初の晩、夜中に「外」と言ったそうだ。ドッグシッターはベッドでその声を聞いたが起きなかった。ステラはあと二、三度「外」と言ってから、扉の横でトイレをした。

「それですぐに、ステラは本当に思ったことを話しているとわかったんです。あの晩のことは完全にわたしの失敗でした」

最後の晩に、シッターはステラのベッドと玩具、食器を荷造りした。ステラはシッターが自分の持ちものをまとめているのを見て、「ジェイク、クリスティーナ」と言った。シッターが「そう、ジェイクとクリスティーナが帰ってくるよ！」と言うと、その十分後にわたしたちが着くまで、ステラは玄関の脇で待っていたそうだ。ステラがその言葉を理解したのか、友人の家に預かってもらったときのパターンから学習したのかはわからない。友人たちがステラの持ちものを荷造りするとたいていその直後に、ジェイクとわたしが迎えにいっていた。それはともかくとして、言葉を話すことは、わたしたちがいない新しい場所でステラがその状況を乗りきるのに役立っていた。ステラはドッグシッターに、わたしが去ったことを理解していると告げた。日常的な要求や必要なことを伝えられた。そして、ボードに言葉が固定されているおかげで、新しいところに行っても、どのボタンがどこにあるかを探すことも、新しい配置に慣れることも不要だった。ステラは新しい場所で新しい人といるときも、普段どおりに言葉を伝えることができる。これはとても大切なことだ。ジェイクとわたしにとって、ステラを置いていくのはとてもつらいことだった。ステラはペットというより、わが子のような存在だった。ステラには自分の思いや考えがあり、わたしたちの人生でとても大きな部分を占めていた。ステラにはわたしたちがいないときも自分の考えを表現する能力があるのだと知って安心した。

家に帰ると、ボードを大きくすることにした。ステラはいまのデバイスの言葉を学び、十五の単語すべてを適切に、頻繁に使えるようになっていた。すでに書いたように、AAC利用者にはつねに、使いかたがわかっている以上の言葉を使えるようにしておく必要がある。新しい言葉を学ぶには、それを話せる状況になければならない。

ジェイクとわたしはステラをホームデポに連れていき、いまのボードよりも二倍以上も大きいベニヤ板を選んだ。設計はジェイクがした。「三十二個のボタンを設置することができる。そこまで行くかどうかはわからないけど、ともかく可能だよ」ステラはわたしたちの隣についてきて、人を見るたびににこやかに駆けよっていった。

家に戻り、十五個のボタンを大きなボードに、左上からそれまでと同じように並べた。これまでより長く、幅も広い。下のほうには四列目のボタンを並べられる。わたしは前回ステラの言葉を増やしたときに作ったリストを見直し、ステラに影響を与えられ、大きな意味を持つ六つを選んだ。「欲しい」「見る（見て）」「パーク」「幸せ」「怒った」「ベッド」だ。

ジェイクとわたしは頻繁に「何が欲しいの？」と尋ねてきた。ステラは「欲しい」という言葉を何度も聞いている。ステラが何かを要求したときに、「欲しい」という言葉を意図せずにモデリングしていたのだ。ステラが「食べる」と言うと、わたしは「ステラ、欲しい、食べる？」と答えていた。ステラが「ビーチ」と言うと、「欲しい、ビーチ？」と応じた。これで、こうしたフレーズをボタンを使ってモデリングできるようになった。「欲しい」はすばらしい核語彙で、さまざまな事柄や行動、人に用いることができる。「欲しい」と言えるようになれば、デバイスの場所をとって玩具や活動のボタンを設置しなくても、言葉と身振りを組み合わせてしたいことを伝えられるだろう。

室内での活動でステラが好きなことのひとつが、窓から外を眺めることだ。わたしはカーテンを開け、「ステラは外を見る」と行動を実況することがある。ステラが外を見ることについて話したり、カーテンを開けてほしいと伝えられるようになってほしかった。また、何かを指さして、「ステラ、見て」と言うこともあった。ステラはわたしが手に持って見せようとしたものを見た。研究によれば、生後六週間の子犬でも指さしなどの人の身振りに反応するという。[40] ステラも「見て」と言って、わたしに何かを指さすようになるかもしれない。

ステラとわたしは近所のドッグパークへ行くことを夕方の活動に加えていた。わたしが「パーク」と言うと、ステラは玄関に走っていった。ステラは犬の友達と走りまわり、口にくわえた棒を友達に追いかけさせるのが好きだった。たいてい同じくらいの時間に行くので、いつも同じ人や犬と会った。ステラはみんなと嬉しそうに挨拶するので、犬の友達より人の友達に会いたいのではないかと思うこともあった。

ステラはたくさんの身振りで楽しさや怒りを表現する。楽しいときはしっぽを振り、耳を頭の後ろに倒し、輪を描いて飛びはね、笑顔になる。怒っているときは吠え、ため息をつき、顔をそむけ、ほかの部屋へ行ってしまう。これほどはっきりと身振りで表すのだから、ステラには自分の感情をもっと伝えられるようになってほしかった。

ステラのベッドは毎日アパートメントのいろいろな場所に置くようにしていた。コーヒーテーブルの下や窓際、わたしたちのベッドの足元などはお気に入りの場所だった。ベッドを置いてほしい場所に立ち、鳴いたり吠えたりすることもあった。これについても、すでに声や身振りで表現していたため、「ベッド」という言葉があれば自分の希望を話せるようになるだろう。

ステラの新しいボードの下のほうに、六つの新しい言葉を並べた。それぞれの言葉の下に、小さいボードのときと同じようにラベルを貼った。このラベルは、家に来た人やドッグシッターがボタンを使ってステラに話したいときに役に立つ。ボードのサイズに問題がないか確認できるまで、両面テープでボタンを固定するのは待つことにした。ステラが大きいボードをうまく使えなかったときのために、以前のボードは机と壁のあいだにはさんでおいた。

「見て、ステラ」わたしはボタンをモデリングしながら言った。「見に来て」

ステラは新しいボードの上を何度かうろうろと歩いた。においを嗅ぎ、わたしを見て、机のほうへ歩いていった。そして古いボードを足先でつつきはじめた。

「欲しい」わたしはモデリングした。

古いボードを取りだし、床に置いた。ステラは自分が伝えたいことを言うために、ボタンがあった場所を押すだろうか？　あるいはボタンをこのボードに戻してほしいと言うだろうか？　だが、そのどちらでもなかった。ステラは寝ころがり、古いボードの上で手足を伸ばした。そして午後中ずっとそこにいた。このボードはわたしのもの。ステラは体全体でそれを抱きかかえ、片づけられたり捨てられたりしないように防いでいた。それを手放そうとしなかった。新しいボードを自分のものにするまで、移行には時間がかかるらしい。

コミュニケーション・デバイスを変更した子供たちのことがまた頭に浮かんだ。長いあいだ自分の声だったデバイスを手放し、新しいシステムを学ぶのはかなり困難だったにちがいない。移り変わりのときには誰しも助けを必要とする。コミュニケーションの手段のような、ごく個人的なものならばなおさらだ。

ステラが古いボードから起きあがると、わたしはすべての言葉をモデリングし、同じ言葉が全部あり、配置も同じであることを示した。そして新しい列のボタンも押してみせると、ステラは観察し、聞いていた。この新しいボードへの移行は、以前よりはるかに順調だった。ボタンをボードに集めたときのように、カウチやベッドに引っこんでしまうことはなかった。ステラはわたしを見て、それから続けてボードを歩いていき、「外」と言った。「欲しい」とステラは言った。それから続けてボードを歩いていき、「外」と言った。

「ステラは外に行きたいのね？　わかった、外に行きましょ」

「欲しい」のボタンを使えるようになるのは信じられないほど早かった。使いはじめたばかりのときから、外へ出る、遊ぶ、食べる、ビーチに行くといった要求と組み合わせていた。わたしたちが「欲しい」と言うのを頻繁に聞いていたことや、言葉をつなげる能力の高さもあり、すんなりと自分の語彙に「欲しい」を取りいれることができたのだろう。

ステラが笑顔で戻ってくると、「ステラ、幸せ」とモデリングした。「幸せ、幸せ」ステラは笑顔のまま、ベッドに乗った。「ステラ、ベッド」とわたしは言った。「好きだよ、ステラ」ステラはしっぽを振った。

それから二、三週間、ジェイクとわたしは新しい言葉をモデリングした。ステラをドッグパークに連れていくまえには「パーク」と言った。ステラが自分かわたしたちのベッドに寝そべるたびに、「ベッド」とモデリングした。連れていけないときにステラがビーチに行きたいと要求して鳴いたときには、「怒った」と言った。ステラの玩具を指さしたり、ステラが窓の外を眺めているときはいつも「見る」と言った。ステラは古い言葉を使いながら、日ごとに新しい言葉をフレーズに取りこむようになっていった。

ほぼ毎晩、ステラはベッドに向かうときにはそのことを伝えた。ジェイクとわたしはリビングルームで話しているか読書をしていた。ステラは「ベッド」と言い、ベッドルームに入っていって眠った。ジェイクが数日出かけたときは、ステラは「ジェイク、ノー、ベッド」と言ってから、ベッドのジェイクの側に乗り、そこでひと晩眠った。ベッドルームのドアが閉まっていると、「ベッド」か、「助けて、ベッド」と言い、前足でドアを開けようとした。やがて、連続した動作を伝えるために「ベッド」という言葉を使っていることに気づいた。朝起きると、「ベッド、食べる」とか、「ベッド、外」と言う。これは、「眠るのはやめて、いまは食べたい」といった意味だ。そのうちに、三語をつないで「ベッド、食べる、外」とか「ベッド、外、食べる」といったフレーズを話すようになった。あるいは、朝起きてすぐにわたしが外に出して、戻ったときに「ベッド、外、食べる」と言って、朝の習慣を自分から知らせることもあった。

ボードに新しい言葉を加えるたびに、ステラはさまざまな点でわたしの期待を上回った。言葉を加えるときは、理由をいくつか考え、それが役に立つ場面を思い描く。ところがステラは考えもしなかったような方法でその言葉を使ったり、言葉をつなげて独特のフレーズを作ったりするのだ。これは、わたしがステラに何をいつ言うかを指示していないというさらなる証拠になるだろう。わたしがさまざまな状況でモデリングしているときにステラはその言葉の意味を学ぶが、それをどう使うかは自分で決めている。ステラはわたしが何をいつ言うか教えることを必要としていない。そんな指示をしたらかえって成長を妨げてしまうだろう。

アパートメントで起こる一度かぎりの状況について語るとき、ステラはわたしがはじめに想定したのとはまるでちがう言葉の使いかたをする。あるとき、近所の人が犬を預かったことがあった。ステラはその人が窓の外を会ったことのない犬を連れて歩いているのを見て吠え、「助けて、ノー、助けて」と言い、窓のところに走って戻るとまた吠えた。ステラは近所の人が知らない犬を住居のなかに連れてきたことに気づいていたのだ。近所の人が部屋に飼い犬を連れて入るのを見たときは吠えなかった。ステラはもしかしたら、なぜ自分が吠えたかを知らせるために言葉を使ったのかもしれない。

社会的な言葉の使用は語彙にともなって増えた。わたしたちが反応しないと、同じ言葉を繰りかえすようになった。ある朝、ステラは「来て、来て、外」と言った。ジェイクとわたしがそれに反応せずに自分たちの話を続けていると、ステラはもう一度「来て、来て、外」と言ってこちらを見つめた。わたしたちはステラに質問をしたのに答えがないとき、同じことを繰りかえすが、そこから学んだのだろうか。これはとても有効な社会的スキルだ。ステラは自分の言葉に対する反応がないので、もう一度言うべきだと思ったのだ。

ジェイクとわたしは仕事のあと、テーブルで夕食をとっていた。ジェイクが話をしていたときに、「ビーチ、食べる、来て、食べる、来て」という声がリビングルームから聞こえてきた。

「そう、食べたあとでビーチに行くからね、ステラ。いまは食べる。ビーチはあとよ」わたしは言った。

「来て来て来て来て」ステラは言った。

「ちょっと待って、ステラ」

ステラは玄関から離れず、遠くから食事の進み具合を確認していた。皿をシンクに持っていくとすぐにステラはしっぽを振り、ドアの脇でわたしたちを待った。ビーチから戻ってくると、ステラはなかに入って言った。「バイバイ、ステラ、バイバイ、いいね、外」これは、たったいま自分がしたことへの感想だ。いま起こっていることでも、したいことでもなかった。

翌日、わたしはステラを仕事のあとでドッグパークに連れていった。ステラは大好きな犬の友達と遊んだ。いつもステラの気が済むまで棒の綱引きにつきあってくれる二匹のロットワイラーだ。ドッグパークから戻ってくると、ジェイクはもう帰っていた。ステラは走ってなかに入り、ジェイクに挨拶して言った。「パーク、遊ぶ」**ジェイクにいままでどこにいたのか伝えようとしているんだろうか。パークで遊んだ話をしたいけど、それ以上**

のことを伝えるだけの語彙がないということ？　パークに戻りたいということ？　こうした状況はますます増えてきた。ステラがすでにしたことを伝えるのと、これからしたいことを伝えるのを区別しなくてはならない。

犬に言葉を教えるためのヒント

- **新しいボードに慣れるための移行期間をとろう**。言葉の配置がまったく変わっていなくても、新しいボードに慣れるには時間が必要だ。犬が新しいボードを自分のものとみなすまで少しのあいだ、古いボードをとっておくといい。

- **犬が感情を見せているときに、感情を表現する言葉をモデリングしよう**。犬が笑顔だったり、しっぽを振っていたり、跳ねまわっているとき、あるいはお気に入りの場所で遊んでいるとき、「幸せ」という言葉をモデリングしよう。犬が不満だったり怒ったりしているときは、「怒った」をモデリングしよう。

- **話すタイミングを犬に指示しない**。いつも「外と言って」とか「いいねって言って」と指示していたら、犬は飼い主に指示されたとおりに話すことを学習してしまい、ボタンを使って自分の考えを言わなくなってしまう。わたしたちは犬に言葉の使いかたを教えているのであって、命令に従って話すよう訓練しているのではない。モデリングと自然な合図が効果的だ。

第十六章　言葉の爆発

「ステラ、バイバイ、遊ぶ」とステラは言った。ジェイクとわたしは夕食をとっていた。ステラはボタンの脇に立ち、わたしたちをまっすぐ見ている。

「ぼくたちはこれから食べるんだ、ステラ。あとで遊ぼう」とジェイクは言った。

ステラはため息をついて鳴いた。「食べる、食べる、パーク」

「そう、ぼくたちはいま食べてるから、そのあとでパークに行けるよ」とジェイクは言った。

ステラは玄関先で寝ころがった。

時間の概念を伝える方法はぜひとも必要だった。ステラは頻繁に、わたしたちがいましていることと、ステラがつぎにしたいことを続けて伝えるようになっていた。

つぎの日に、「おしまい」「いま」「あとで」をステラのボードに加えた。そして何かをする直前や最中に「いま」をモデリングした。ステラが遊んでいるときには「遊ぶ、いま」、食べているときには「食べる、いま」、リードをつけ、ボールを持ったときは「パーク、いま」と言った。十分以上先に起こることについては、「あとで」と言った。ステラが何かを終えたときは「おしまい」をモデリングした。食べ終わったときは「おしまい、食べる」、水を飲むのをやめたときは「おしまい、水」、玩具を下に置いたときは「おしまい、遊ぶ」、パークから帰ってきたときは「おしまい、パーク」と言っていると、ステラは「おしまい」という言葉が何かの終わりを意味することを理解した。この三つは、追加したばかりだが、これまでもいつもステラに話しかけるときに自然に使っていた言葉だ。ステラにとって聞き慣れない言葉ではなかった。ただ自分でも使えるようになったのはこれがはじめてだった。

　時間の概念と、感情を表す「幸せ」と「怒った」のふたつの言葉を組み合わせることで、また言葉が爆発的に増えた。可能なときに「おしまい」「いま」「あとで」をモデリングしはじめてわずか数日後に、ステラはそれらを自分のフレーズに組みこむようになった。

　ある晩、わたしはアパートメントに掃除機をかけていた。ステラは掃除機が嫌いだった。ほかの部屋に走っていき、遠くから顔を覗かせて注意深くわたしを観察していることが多かった。もしくはカウチかベッドに乗って掃除機を見下ろし、近寄らないようにする。このとき、リビングルームに掃除機をかけはじめて三、四分したところで、ステラはベッドルームからボードのところへ駆けていった。ほとんど目も合わさず、掃除機を避けるように、わたしの横をさっとすり抜けた。

「おしまい、おしまい」ステラは言った。

わたしは掃除機を止めた。

ステラはしっぽを振った。耳は頭の後ろにまっすぐ倒れている。「幸せ」とステラは言った。

「あら、おしまいになって幸せ？　いいね、ステラ。いい子だね」わたしはステラを撫で、クローゼットに掃除機をしまった。続きはジェイクが散歩に連れていったあとでいい。

これ以降、ステラはジェイクやわたしに何かをやめてほしいときに「おしまい」と言うことが増えた。自分がしたことについて述べるよりも、わたしたちに指示するためにそう言うことのほうが多かった。わたしたちが普段より遅くまでベッドで寝ていると、ステラは「おしまい」と言い、リビングルームで鳴いた。いつもより時間をかけて食事をしていると、「おしまい」と言ってキッチンに歩いていった。まるでキッチンに食器を運び、食事のあと片づけをするように合図しているみたいだった。遊びたがっているステラを無視してノートパソコンで報告書を書いていると、いつも「おしまい」と言った。わたしが電話で話していると、かなりうるさく話すようになった。「おしまい」と繰りかえし言って、その代わりにしてほしいことを伝えた。これは幼児との取り組みでも毎日のように起こることだ。親とわたしがセッションのあとで長く話していると、子供は懸命にわたしたちの関心を引こうとする。頻繁に「おしまい」と言うのを見ていると、ステラはほかにもわたしたたちに指示したいことがあるのではないかと思えた。

二〇一九年の夏、ステラは二十以上の単語を自分から適切に使えるようになっていた。一日に何度か言葉をつなげるようになり、はじめてのフレーズを作りつづけていた。行動を要求したり、さまざまな場所に行きたいと求めたり、自分の朝の習慣を述べたり、ジェイクかわたしを呼んだり、たったいま起こったことを述べたり、自分の感じていることを伝えたりしていた。ステラの使っている言葉のパターンは一貫していて、予測可能だった。ステラの言葉は、その状況に照らして意味の通るものだった。昼間に「食べる」と言うことはなかったし、たとえば「ビーチ、ベッド」「いいね、怒った」「バイバイ、ベッド」「水、パーク」「散歩、水」といった、意味のないフレーズは作らなかった。ステラはすべての言葉について自動化段階に入っていて、それは行動にも表れていた。さまざまな状況で、ジェイクとわたしだけでなくさまざまな人々に意思を伝えていた。はじめは別々に置かれたボタンを使うことを学び、いまではサイズの異なるふたつのボードで使えるようになっていた。

わたしには、ステラの語彙力はもちろん、社会的能力も驚異的なものに思えた。人が話すときの社会的ルールとかなり合致したボタンの使いかたをしていた。わたしたちの注意を引きたいとき、もしメッセージを伝えるときにわたしたちがべつの部屋にいると、「来て」や「見て」と言った。自分の考えを伝えたあとはアイコンタクトをして、反応を待った。わたしたちが理解できずにいると、言い変えたり、メッセージを繰りかえしたりした。

ステラがわたしの話を遮ることはほとんどなかった。感情的になっているときは、ボタンを強く押したり、繰りかえして強調したりした。口頭での会話であれば、口調や声の大きさを調整することができる。だがＡＡＣ利用者にはそれができない。ＡＡＣ利用者はボタンの押しかたで口調の違いを表現したり、言葉とジェスチャーを組み合わせたりする。これはアメリカ手話でも同様だ。手話をするときの速度や強さ、話し手の表情によって言葉が強調される。ステラは疲れたとき、ボードの上で伸びをして、かなりあいだを空けてゆっくりと話す。わたしは自分が朝目覚めたとき、あくびや伸びをしながら話すことを思いだした。ステラはかなり怒っているとき、ボードまで走っていってボタンを叩く。興奮してまくし立てている人のようだ。言語には、単語の意味を知ることや、どのボタンで何が言えるかを知るということにとどまらないはるかに大きなものが含まれている。

ある日、ステラの玩具が造りつけの棚に乗っかってしまった。ステラは後ろ足で立ってそれを取ろうとして、立ててあった札をうっかり倒してしまった。ステラはわたしを見て、しおらしくなった。しっぽは両脚のあいだにはさまれていて、頭を下げている。ステラはボードへ歩いていった。

「ノー」ステラは倒してしまった札とわたしを交互に見た。わたしのところに寄ってきて、ゆっくりとしっぽを振った。

ステラはこうして、わざとやったわけではないと伝えたのだった。「大丈夫よ、ステラ。何も問題ない」言葉でなぐさめ、撫でてやると、ステラはまた元気になって遊びつづけた。

ステラはジェイクとわたしがふたりで話していると聞き耳を立てた。ある晩、カウチにすわって、もう一度外に出ようか、今夜はやめておこうかと話しあっていた。「なかにいようか」とジェイクが言った。「ステラだって満足してるよ」するとステラはベッドから下りてボードのほうへ歩いていった。

「怒った、外、来て、来て、外」とステラは言った。わたしたちがなかなかカウチから立ちあがって外へ行こうとしないので、ステラは吠え、また言った。「散歩、怒った、ジェイク、外」ステラはじっと待っていて、決められたとおりに行動するタイプではなかった。率直な言葉で、自分はどうしたいのかを伝えた。

ステラは対応する言葉を持っていない概念についても伝える方法を思いついた。たとえば、仕事に出かけるときはコング（内側にご褒美を詰められるトレーニング用玩具）にピーナッツバターを詰めるのだが、それを要求するのに、「バイバイ、食べる」と言うようになった。しかも一度や二度ではない。わたしたちが出かける準備をしているときや、普段より出かけるのに時間がかかっていると、毎回のようにそう言った。

「バイバイ、食べる？」わたしは尋ねた。「出かけて、よそで何か食べたいの？　それともわたしたちが出かけるから、戻ってきたら食べようということ？」わたしは何を言おうとしているのだろうとステラを見た。

ステラは唇をなめた。わたしはバッグとランチボックス、水筒を持って、ステラのコングを犬小屋に放り、急いで玄関を出た。車に乗って十分後、急に答えが浮かんだ。**そうか、わたしが出かけたらピーナッツバターを食べられるって言おうとしていたんだ。**

ここから、たとえすぐに理解できなくてもコミュニケーションを諦めてはいけないという重要な教訓が得られた。大人がすぐに筋道を理解できないからといって、そのコミュニケーションはでたらめや無意味とはかぎらない。幼児でもよくあることだ。一歳になる姪のクララと最後に会ったとき、まったく同じことが起こった。クララはベビーチェアにすわって食事を待っていた。

「ペーパータオル」とクララは言った。

「はいどうぞ」わたしはペーパータオルをトレイに載せてあげた。

「ああ、クレメンタイン（ミカンによく似た柑橘類の一種）を欲しがってるのよ」姉のケイトは言った。

「どういうこと？」

「クレメンタインを食べるときは、むいた皮をペーパータオルに置くのが好きなの」

ケイトはクララの習慣をよく知っているから、言いたいことがすぐに理解できた。クララは「ペーパータオル」という言葉は言えるが、まだ「クレメンタイン」は言えない。自分ができる手段で欲しいものを伝えたのだ。もしわたしがクララとふたりきりだったら、クレメンタインを食べたがっているという結論には到達できなかっただろう。だが、わたしに理解できないからといって、意味がないわけではない。ケイトが冷蔵庫を開けてクレメンタインを持ってくると、クララは手を叩いて喜んだ。

「ビーチ、遊ぶ」とステラは言った。わたしは夕食を作っていた。ステラはビーチへ行きたいと言いつづけていたが、わたしは夕食後にみんなでビーチに行くつもりだった。

「ビーチ、遊ぶ、あとで、ステラ」とわたしは言った。

ステラはわたしに向かって吠えた。わたしはステラのボードまで歩いていった。

「怒ってるみたいね。ステラ、怒った。ビーチ、あとで」わたしはモデリングした。

ステラは玄関の脇で鳴いていた。キッチンに戻ったが、まだステラの声がリビングルームから聞こえていた。コンロにかけたスープを混ぜながら、幼児との言語療法のセッションを思いだしていた。子供がそのときはできない遊びをしたがったり、行けない場所へ行きたいと言ったりしたときには、ただ「駄目よ」とか「あとで」とだけ言って放っておくことはない。その代わりにできることを提案する。そのときにできる選択肢を与えることで、子供に自分で状況を動かせると感じさせ、楽しい玩具はほかにもあると教えられる。

ステラにはやりたいことがもう少し必要なのかもしれない。選択肢があればいいこともあるだろう。

わたしはリビングルームに戻った。「ビーチ、あとで、ステラ。いまはどの玩具で遊ぶ？」わたしは「欲しい、遊ぶ、いま」とモデリングしながら、おもちゃ箱を指さした。「それとも、欲しい、ベッド？」わたしは「欲しい、ベッド」とモデリングし、ベッドをキッチンに出して、料理しているところを寝ころがって見られるようにした。ステラは静かになった。部屋を見回してもう一度わたしを見た。ひとつ玩具をとりだし、もてあそんでから落とした。ベッドのほうへ歩いていき、横になると、料理が終わるまで見ていた。

「いいね、ステラ。いいね、ステラ、いまはベッドだね」

コミュニケーションの進歩があまりにつぎつぎに起こるので、フェイスブックとインスタグラムでハンガー・フォー・ワーズのアカウントを作った。ブログの記事を書きつづけ、ウェブサイトのトップページに二週間おきくらいに新しい動画をアップしていた。見てくれるのは友人や家族、友人の友人などが中心だった。だがときどきは、知らない人がブログにやってきて、ステラの新しい情報を見ることもあった。

ソーシャルメディアの世界に戻るのはためらいもあった。生活のなかに必要な空き時間を生みだすことで、ステラをここまで成長させ、精神的な混乱に邪魔されることなく重要なことに集中することができたのだ。だが、ステラが話している動画はかなりたくさんあり、それを多くの人に見てほしかった。ステラのコミュニケーションについてブログに投稿した記事で読んでもらうのもいいが、実際に話しているステラを見れば一目瞭然だ。動画を見ることで、人間と動物には新たなコミュニケーションの可能性があるかもしれないと考えるきっかけになればいい。そこで、ステラが話している動画を共有し、ステラの能力やわたしが気づいたことを説明する文章をつけた。

ウェブサイトを立ちあげてわずか四か月後、そしてステラのボタンをすべてボードに移してから六か月後の七月に、母校のノーザン・イリノイ大学大学院の同窓誌の記者からメールを受けとった。ステラに関するわたしの取り組みについて聞き、記事を書きたいという依頼だった。

「はじめての取材よ！」わたしはジェイクに声を上げた。

「これからたくさん受けることになるね、きっと」とジェイクは言った。

言語療法やAAC、ステラの成功について、多くの読者に向かって話すのが待ちきれなかった。記者は予定している質問のリストを送ってきた。わたしは何日も考え、回答を練習し、話のポイントを書きだした。取り組みをできるだけいい形で提示したかった。

記事が出ると、ソーシャルメディアのフォロワーやメールの定期読者はさらに増えた。同窓生から、わたしの取り組みの幸運を祈り、とても楽しみにしているという心のこもったメールを何通か受けとった。これで数百人がわたしたちの取り組みを見てくれていることになった。この物語とともに、こめられたメッセージが広く伝わってほしかった。誰もが語るための声を持つべきだ。そして犬が話したり考えたりしていることは、これまで人間が思っていたよりもはるかに多い。

二〇一九年の夏の終わりに、ドッグビーチの近くのアパートメントに引っ越した。ステラにとっては天国のような場所だった。通りを渡って、そこから右に行けば大きな公園があり、左に行けばドッグビーチに通じる道がある。仕事が終わったあとや週末にはいつも車で来ているのだから、自由時間の大半を過ごす場所に住めばいいと思ったのだ。ステラはまた引っ越すことにどう反応するだろうか。国を横断して引っ越すほどの心の傷にはならないだろうが、家が空になるのを見てパニックにならないか心配だった。この移動のあいだ、言葉を使わなくなってしまわないだろうか。去年の引っ越しでは、新しい場所に慣れるまで時間がかかって、そのあいだはあまり話さなかった。だがいま、ステラは大人になってコミュニケーション能力もかなり高まったし、言葉の位置が固定されたボードもある。ステラの様子を見るのが楽しみだった。

新しいアパートメントでの最初の晩、荷物の箱を半分空けた。ステラは取りだした持ちものを嗅ぎ、わたしたちが新居に収納していくのを注意深く見ていた。わたしたちの動きを逃さず見つめていた。このアパートメントもベッドルームはひとつだが、それまでのところより少し広かった。天井は高さ三メートル六十センチで、リビングルームには大きな窓があるため、ずっと広く見えた。ステラのボードを玄関の近く、リビングルームの端に置いた。

「ここから歩いていける場所を見せておきたいわ」わたしは言った。「ビーチに連れていきましょ！」ステラは走ってきた。大好きな言葉を聞きつけたからにちがいない。「そう、ビーチだよ。ビーチに行きましょ、ステラ」

ドッグビーチに続く、高台を通る自転車道へ出ると、ステラは笑顔になり、海岸のほうへ駆けだした。わたしとステラは新しく住むことになった場所に同じくらい興奮しながら一緒に走った。夕暮れの遊び時間から戻ると、ステラはまっすぐボードに向かって歩いていった。

「ビーチ、遊ぶ、好きだよ」とステラが言った。

「ステラはここで幸せに暮らしていけそうだね」とジェイクが言った。

翌日の土曜の朝、ジェイクとわたしは早起きして荷開けをし、家具を並べた。カウチを置く場所を話しあいながら、リビングルームのなかをもうすでに三、四度移動させていた。カウチを持ちあげるたびに、ステラはできるだけわたしたちから遠ざかり、それでも目を離さずに見ていた。

「そうだね、あっちのほうがよかったかも」とわたしは言った。「もう一回動かしましょ。

これで最後」

ジェイクとわたしは位置につき、カウチを持ちあげるためにしゃがんだ。ジェイクが声をかける。「いち、にの……」

ステラは吠え、ボードに駆けていった。わたしたちは動きを止めた。

「おしまい、散歩、幸せ、散歩、幸せ、欲しい」ステラは言った。

「わかってる。おしまいにしてほしいのよね。ちょっと待って、ステラ。散歩はあとで」とわたしは言った。カウチを部屋の反対側に動かし、さらに荷開けを続けた。ステラはボードまで歩いていった。

「ステラ、バイバイ、好きだよ」ステラは言った。玄関の前にすわり、寄りかかっている。この混乱から逃げだしたくてたまらないようだ。

新しいアパートメントのある場所を考えると、ステラの言葉の意味はもっとはっきりする。通りの向こうは道が分かれていて、左に行けばビーチが、右に行けば公園《パーク》がある。もしステラが「パーク」と言ったのに、わたしがビーチに行こうとしてそっちにステラを連れていこうとしたら、ステラは歩道の真ん中でうずくまって正しい方向へ行くまで動こうとしないだろう。ボードを持ってきていなくても、ステラには自分の要求をはっきりと伝える方法があった。ステラにとってビーチと公園は同じではないということをわたしは知っていた。ビーチではなく公園に行きたいと思う日があったり、あるいはその逆だったりする理由まではわからないが、ステラにはわたしたち全員と同じように、明確な理由と好みがあった。公園でリスを見たい日もあれば、ビーチで鳥を追いかけたい日もある。草の上で転がりたい日もあれば、砂を掘りたい日もある。もっと多くの語彙があれば、遊びの時間に自分がしたいことをもっと正確に伝えられるようになるのだろうか。

ステラが自分の欲しいものや必要なものに懸命になる姿には心を動かされた。わたしが自分の行きたいところへ連れていこうとしても、ステラは譲らなかった。これは、ステラがわたしたちの言葉に従うためだけに生きているわけではないというさらなる証拠になる。ステラには自分の心と考えがあった。誰にでも、自分の意見と欲求に従う権利がある。ステラには遊び時間に関する自分なりの考えがあり、それを変えさせようとするわたしを尊重する気はないとわかったので、ステラがしたいことと、ジェイクやわたしがしたいことのバランスをとり、はじめに話をするようにした。出かけるまえ、わたしは「クリスティーナ、欲しい、ビーチ」とか「クリスティーナ、欲しい、散歩」とモデリングした。そして、「ステラ、何が欲しい?」と尋ねた。わたしたちはいつも、人に対するように、ステラがしたいことを考慮するようになった。みんなが同じことをしたい日もあれば、ステラが行きたいところへ行く日や、ジェイクかわたしが選んだ場所へ行くこともある。まえもってステラに行き先を伝えておくと、寝ころがって抗議するようなことはなかった。ステラにもわかるように、何をしようとしているかを伝えておけばよかった。

新品の録音可能アンサーブザーをまた開封した。ステラはすべての言葉を淀みなく使えるようになっているので、そろそろボタンを追加するときだ。ボードのまわりでの動作を見ていると、もっと多くの語彙が必要なことが伝わってきた。すべての言葉を学んで、自分から使えるようになると、言葉の列のあいだを通りぬけて鳴いたり、ボードの上に立って鳴くことがあった。それを見ていると、何かを伝えたいのだが、それを表す言葉がないのかもしれないと思った。ステラはわたしが箱からボタンを取りだすのを見ていた。しっぽを振り、空箱をなめた。

「幸せ、欲しい」ステラは言った。そしてわたしのところまで戻ってきて、また空箱をなめた。

このときは、周辺語彙をいくつか加えることにした。「ボール」「玩具」「カウチ」「部屋で」だ。ステラはたやすく、かなりの頻度で話すようになっているので、メッセージをより明確にするための語彙が必要だと思ったからだ。わたしはボールで遊ぶときはいつも、「ステラ、遊ぶ、ボール」「遊ぶ、ボール、部屋で」「欲しい、ボール」といったフレーズを言ってみせた。「ステラ、遊ぶ、玩具」「遊ぶ、玩具、部屋で」とか、カウチの下に玩具が滑りこんでしまったときは、「助けて、玩具、カウチ」と言った。

ある平日の夜、ステラはビーチで砂に埋まったほかの犬の玩具の汚い残骸を見つけた。

気持ちいいものではなかった。ところがステラはそれを放そうとしなかった。家に帰るあいだ、ずっとくわえたままだった。アパートメントの外の歩道まで来たとき、わたしたちはステラに「捨てなさい」と言い、もう一度拾うまえになかに走りこんだ。屋内に入ると、ステラは玄関の脇に立ち、鼻面をずっと押しあてていた。ドアを嗅ぎ、前足でつつきつづけた。数分後、ステラはボードに歩いていった。

「玩具、部屋で」

「あの玩具を部屋に持ってきたいの?」

ステラはしっぽを振り、ドアのところへ戻ってきた。

「玩具は外で遊びましょう、ステラ。ほら」わたしはもう一度ステラのリードをつけ、外へ連れていった。ステラは玩具に向かって駆けていった。口でぎゅっとくわえ、前後に揺すった。やはり玩具を室内には入れたくなかったので、あと数分間外で遊ばせてその日はおしまいにした。

語彙が増えていくうちに、話の内容はさらに複雑になっていった。新しく慣れない環境のおかげで、ステラの認知能力についてより多くのことが判明した。ある朝、ステラは偶然、「ビーチ」のボタンをリセットしてしまった。大きな音が鳴り、言葉が消去されてしまった。

「怒った」ステラは言った。

「そうだね、ステラ。直してあげる。クリスティーナ、助けて」ステラはずっとわたしについてきた。わたしがデバイスを扱っていると、ステラはいつもじっと見ている。ボードからボタンを外し、もう一度「ビーチ」と録音しようとしたが、うまくいかなかった。使いすぎてボタンが壊れてしまったのだ。

「ごめんね」わたしは言った。予備のボタンは持っていなかった。

およそ五分後、ステラはボードに近づいた。「ビーチ」のボタンがあった何もない場所に前足を伸ばし、そこのにおいを嗅いだ。ステラはデバイスの上で立ちどまり、ほかのボタンを探した。

「助けて、水、外」ステラは言った。

「すごい……」わたしは言った。

ステラは状況を理解し、壊れた「ビーチ」のボタンについてどうすれば伝えられるかという問題を解決したのだ。「ビーチ」のブザーが作動しなくなったのはこれがはじめてだった。練習をしたことも、こうした状況について話したこともない。ステラははじめての状況で、自分なりに工夫して言葉を使っていた。

数日後、いつものエサを切らしてしまった。わたしはすぐに買いにいく代わりに、特別な夕食を作ってあげた。米とチキン、野菜の料理を皿に載せた。「さあどうぞ、ステラ」

ステラは食べもののにおいを嗅ぎ、少し囓《かじ》った。そしてわたしを見上げた。

「ステラ、食べる」わたしは言った。

ステラはもう一度においを嗅ぎ、ボードに歩いていった。「食べる、ノー」ステラは言った。カウチに乗って体を丸めた。普段とちがう（しかも手作りの）食事を楽しんでくれるはずだった。ところがその晩、ステラはもう食べものに近寄らなかった。

翌日、いつものエサを買ってくると、ステラは貪欲に食べ、ボードに歩いていった。

「幸せ、食べる」ステラは言った。

毎日食べさせているものについての何気ない感想まで表現できることが嬉しかった。

「幸せ、食べる」と言われてはじめて、ステラがそのエサをそれほど気に入っていることに気がついた。
二、三週間後、ジェイクとステラとわたしは週末、ジェイクの友人たちのところで過ごした。大勢の人がいるリビングルームに入ると、ステラはひとりひとりのところへ走っていって挨拶をした。ステラがみんなの注目を集めているあいだに、わたしはボードを壁のそばに置いた。みんながステラのまわりに輪になり、交互にステラを撫で、かわいがった。わたしはその輪のなかに入っていった。「ステラ、こっちに来て」わたしもステラを撫でたかった。
ステラはわたしをちらりと見て、ボードのほうへ行った。

「クリスティーナ、あとで」

わたしは愕然とした。ジェイクは大笑いした。わたしたちの犬は、いまはわたしではなく新しい友達と遊んでいたいと言ったのだ。

ステラのデバイスにある二十九語は最適な数だと感じていた。核語彙と周辺語彙の組み合わせもちょうどよく、ステラの日常的な活動のほとんどについて話すことができる。大切なのは言葉の多さだけではない。ステラが言葉を選び、さまざまな状況について話せるだけの確固たる語彙があるほうが、話すのにあまり意味のない数多くの語彙があるよりははるかに重要なことだ。わたしたちには数万語の語彙があるが、三百から四百語が日常的な会話の八割を占めていることを忘れてはならない。[41]ボードの空いた場所にはもっと言葉を加えるつもりだが、ここまでに到達した言葉のバランスには満足していた。

ステラのボードに加えてみたものの、ステラ独自の目的に合わなくて結局はボードに残らなかった言葉もいくつかあった。試してみたのは、「取る」「行く」「犬小屋」「それから」などだ。わたしはよく「玩具を取って」とか「ボールを取って」と言っていたので、「取る」を加えれば有効だろうと思った。ところがステラは「取る」のほうが適切だと思える状況でも、かならず「欲しい」と言いつづけた。「行く」はすばらしい言葉で、人にはいつも加えるように勧めているのだが、ステラはすでに、自分が行きたい場所を言えるようになってしまっていた。また、すでに「バイバイ」を「行く」のように使いはじめていたこともある。はじめからやりなおすとしたら、もっと早い段階で「行く」を取りいれていただろう。犬小屋のなかにベッドがあるので、ステラは「ベッド」という言葉で犬小屋のことも話していた。また、わたしたちには「それから」よりも「あとで」のほうが使い勝手がよかった。「あとで」を単独で「ビーチ、あとで」のように使ったり、いましていることと組み合わせて「食べる、いま、ビーチ、あとで」のように使ったりできる。ところが「それから」はいましていることと組み合わせないと、単独では使えない。「それから、ビーチ」とだけ言ってもよくわからない。

言葉の使いかたのこうしたちょっとした違いが、デバイスにどの言葉を選ぶかという点では大きな差になる。もしも完全な世界が到来したなら、人間のデバイスと同じように、すべての言葉をステラが使えるようにできるだろうが、それはまだ先のことだ。いまのところは、ステラにとって努力に見合う効果のある言葉を選ぶのがいいだろう。

犬に言葉を教えるためのヒント

・**すでに起こったことといま起こっていることとあとで起こることを犬が区別できるように、時間の概念を導入しよう**。いましていることと組み合わせて「いま」を、ある活動をその日のうちにする場合は「あとで」をモデリングしよう。犬が「いま」と言ったら、できるだけ早く反応しよう。

・**「おしまい」と言えるようにしよう**。「終わった」や「やめる」あるいは「おしまい」といった言葉が言えれば、犬は何かを終了したいと言えるようになる。犬が何かをやめにしたときに「おしまい」とモデリングすると、意味を学ぶのに有効だろう。

・**いま起こっていることについて犬に話しかける**。ステラとともに学んだことだが、あらかじめ何をするかを話しておくと、ステラはそれほど驚かず、日常的な習慣の変化や、自分が要求したのと異なる活動に対しても静かに反応する。何が起こっているかを知っていれば受けいれやすくなるのはみな同じだ。

第十七章　ハロー・ワールド

二〇一九年十月三十日の夜明け、わたしは日記を開き、ページの一行めに「実現したら嬉しいこと」を書きはじめた。多くの人々がまだ目覚めていない朝早くに、想像力を羽ばたかせるのはとても楽しい。「ステラについての投稿が熱狂的なファンを新たに何百人も、何千人も獲得する。たくさんの人の前で、ステラとの取り組みを話す。いつかステラやＡＡＣについてテレビの取材を受ける」そのころはまるでありえないと思っていたアイデアを抱きながら椅子にすわり、そんな経験ができたらなんてすばらしいだろうと感じていた。

翌日、わたしはビーチサイドのアパートメントの前に車を停め、つぎの言語療法のセッションが始まるまえのわずかな時間をつぶしていた。メールチェックをしていると、「《ピープル》より」という件名のメールが一通来ていた。何かのスパムだろうと思って開いてみた。ところがそうではないことがわかって、わたしは目を丸くした。雑誌《ピープル》のヒラリー・シェンフェルド記者が、ステラの動画をソーシャルメディアで偶然見かけて送ってきたちゃんとしたメールだった。ステラとわたしについて記事を書きたいというのだ。

びっくり仰天した。わたしとステラの取り組みを知っている人はほとんどいない。友人の多くも、わたしがやっていることは知りもしない。それなのに、数百人しかいないソーシャルメディアの読者のひとりが《ピープル》の記者だったなんてことがあるだろうか？これはどれほど小さな可能性だろう？　メールのスクリーンショットを撮り、感嘆符をいくつもつけてジェイクに送った。

三日後、インタビューの前日の晩、言語聴覚士の友人から携帯メールが来た。「今月の《ASHAリーダー》に載るなんて聞いてないよ！」《ASHAリーダー》とは、言語聴覚士の専門誌だ。

「え？　わたしだって聞いてないよ！　こっちにはまだ雑誌が届いてない。どういうこと？」わたしは返信した。

雑誌の冒頭に近い数ページの写真が送られてきた。当時アメリカ言語聴覚士協会の会長だったシャリ・ロバートソン博士のコラムだった。わたしは博士の研究が大好きだった。以前のコラムのページを切りとり、ひらめきを得たいときにいつでも読めるようにしていた。その彼女が、わたしのことを知っているのだ。コラムの題は「ASHA会員による大胆な思考と想像の産物を祝う」だった。画像に目が釘づけになった。

ASHAの会長の立場で書く最後のコラムの題材として、安全で見慣れた境界を越え、個人的な挑戦をしている会員たちの物語に優《まさ》るものは思いつかない。いずれも独特で、アイデアの種を植え、情熱と洞察、勤勉さでそれを育《はぐく》み、ついに開花させている。ここに選んだ四つの物語から、読者のみなさんが喜びと刺激、挑戦を受け、より一層の想像力を発揮されることを願う。[42]

「ハンガー・フォー・ワーズ」と題したつぎのパラグラフで、ロバートソン博士はわたしがステラとしてきたことについて書いていた。信じられない。すっかり忘れていたが、数か月前に、ASHAのソーシャルメディアで紹介してもらえないかと、ステラのこれまでのコミュニケーションに関する概要を書いた文を送っていたのだった。まさか会長がそれを見て、コラムで書いてくれるなんて思いもよらなかった。

この知らせが来たのはこれ以上ないタイミングだった。翌日の《ピープル》の電話インタビューは楽しみだったが、ウェブサイトを作ってからずっと、ASHAはどう考えているのか不安だった。わたしは自分のキャリアと職業を誇りにしている。そして言語療法という分野に携わる者としてふさわしいふるまいをすることを望んでいた。今回、ASHAの会長からこうした熱烈な支持を受けたことで、さらに取り組みを進め、人々に伝えていく気力が湧いてきた。探究を続けることを認められたように感じた。

二〇一九年十一月四日の始まりは、とくにほかの月曜日と変わりなかった。ポッドキャストで気分が上がる曲を聴きながらコーヒーを一杯飲んだあと、言語療法のセッションを三つこなし、ランチのため家に戻った。だが、食後にステラを短い散歩に連れていく代わりに、《ピープル》のヒラリーから電話でインタビューを受けた。ノーザン・イリノイ大学の同窓誌のインタビューのときとはちがい、何を質問されるかはまったく知らなかった。

「準備はいいですか？」ヒラリーは尋ねた。「何百万もの読者がこれを読みます。お伝えしておきますが、どんな前向きな物語でもケチをつける嫌な人はいます」

わたしは深く息をした。「どうぞ。これほど重要なことを伝えないわけにはいきません。たとえ何を思う人がいても」

ヒラリーは、記事がいつ掲載されるかは自分も知らないと言った。「数日で出ることもあれば、数週間かかることもあります。でも載ったらリンクをお送りします」

四十五分後、わたしは電話を切り、つぎの受け持ち患者のところへ向かった。そのとき、午後三時のセッションに行くはずの家庭から直前キャンセルのメッセージが入った。つぎのセッションがこの日の最後になる。
自分が話したことを頭のなかで繰りかえそうとした。ところが、何を話したのか思い出せなかった。記憶がぼやけている。活動をちゃんと伝えられただろうか。誰もが理解できるように考えを説明できただろうか。ありがたいことに、わたしの仕事は頭のなかで同じことを何度も考えながらできるようなものではなかった。幼児を相手にしていると完全に意識を集中することになるし、その瞬間のことだけしか考えられない。幼児はまわりのすべてのものにエネルギーをそそぎ、好奇心や驚異の念を持ち、遊びたいという気持ちを振りまいて人を逸らさない。わたしも遊び、笑い、楽しんだ。何より好きな、言葉を教えることだけに集中した。
セッションの終わりに片づけの歌をうたい、携帯電話を取りだして報告を書いた。画面にはGメールやインスタグラムの通知に混じって、ヒラリーからのメールが入っていた。

追加の質問かな。

ところがロックを解除すると、「掲載しました！」という文字が見え、「カスタム音声ボードで話すことを学んだ犬」というタイトルの記事へのリンクが貼られていた。急いで下にスクロールすると、AACデバイスとステラの写真、そしてわたしとステラのツーショットが見えた。気持ちの準備はまるでできていなかった。これほど早く掲載されるとは思っていなかった。インタビューを乗りきることしか考えていなかったから、オンラインで公開されたらどうなるかについてはまったく頭になかった。心臓が激しく打った。読みたくてしかたない。だが、わたしがいますわっているのは受け持ち患者の家のリビングルームだ。セッションの報告を書いて母親からサインをもらわなくてはならない。

玄関の扉を閉めるなり、わたしはまた記事のリンクをクリックした。運転席に腰を下ろし、ステラとわたしの写真が《ピープル》の記事に載っているのを信じられない思いで見た。すぐにジェイクと家族、友人たちにメールを送った。インスタグラムを開くと、掲載されて一時間で、フォロワーが二、三千人増えていた。ジェイクは家に帰る途中でシャンパンを買ってきた。ファンのコミュニティが大きくなり、わたしの探究がきちんと「世に出た」ことを祝って乾杯した。

シャンパングラスに一杯注ぐときには、すでに受信箱は質問や、新しいフォロワーから送られてきた犬の写真、さまざまな報道機関からの動画利用の許可申請、メディアからの依頼であふれていた。《ピープル》を見たほかの報道機関が記事を書くことなどまったく考えていなかった。それに、これほどすぐにこんなことになるとは思ってもいなかった。ニュース番組「インサイド・エディション」からのメールには、うちのアパートメントで撮影をしたいと書かれていた。話題の移り変わりは早いので、すぐに返事が欲しいという。チャンスを逃したくなかったので話を受けた。受信箱を整理すると、科学誌の《ポピュラー・メカニクス》から明日の、CNNからはその翌日にスカイプでの、インタビューの依頼が来ていた。シャンパン一杯すら飲み干す暇もなかった。これからの予定を立てなくてはならない。仕事だってある。フルタイムで子供たちに会わなくてはならない。わたしは人々に動画利用の許可を与えなくてはならないのだろうか？　まったく何もわからなかった。どれくらいの取材を受けるか。こうした要求はいまだけなのか、それとも今後もずっと関心を持ってもらえるのか。こんな経験をした知りあいは誰もいなかった。

その晩はずっと、フォロワー数が増えていき、派生的な記事が投稿され、ツイッターやレディットで大きな反響を得るのをジェイクと一緒に見て、目がくらむ思いで過ごした。「アップルニュースのトレンドに入ってる！」姉が家族のグループチャットで言った。わたしたちは今晩中にフォロワーがどこまで増えるか予測しあい、父はわたしのインスタグラムの動画についた嬉しいコメントのスクリーンショットをずっと送ってくれた。わたしは、いまがピークで、明日か明後日には落ち着き、楽しかった数日として記憶に残ることになるのだろうと思った。ベッドに入ったとき、フォロワー数はおよそ一万人だった。一日で六百人が一万人になるとは想像もしなかった。

翌朝、目覚めるとフォロワーは三万人になっていた。コメント欄の言語は英語だけではなくなっていた。いとこのレイチェルからメールが来た。「今朝のニュース見たら、全部あなたの話だったよ！」そこには「CBSディス・モーニング」の動画が添付されていた。司会のゲイル・キングがステラとわたしのことを話している。ステラの顔の写真が背景にアップになり、インスタグラムのステラの動画のひとつが流れた。中学校から大学までの知りあいがつぎつぎに連絡をくれ、自分の知人がわたしの記事を投稿していたとスクリーンショットをつけて教えてくれた。とんでもないことが起こっていた。「一時間後に二歳児のセッションに行くなんて信じられない」とわたしは言った。「集中できるわけないじゃない」

セッションの合間に、ガソリンスタンドに併設された駐車場で《ポピュラー・メカニクス》の電話インタビューを受けた。それから、「NBCナイトリーニュース」がアパートメントに取材に来る日程を決めた。

子供たちの親もわたしの記事を読んでいた。セラピーの準備をして受け持ち患者の玄関に着くと、母親がドアを開けた。「ニュースであなたの顔をずっと見てたのよ。言葉を話す犬についてのスペイン語のニュースを見せてくれた人がいて、それがあなただったから思わず声が出ちゃった」

それまでにも、ステラとの取り組みはどんなふうに人に知られていくだろうとよく想像していた。フォロワーはゆっくりでも着実に増えていくはずだ。犬好きな人が興味を抱いて、それをまわりの犬好きな人たちに伝えていく。言語療法のコミュニティでは実際にそうなりつつあった。本格的に注目を集めるのは、何匹かの犬に言葉を教えるようになったあとかもしれないが、やがて日の目を見るはずだと信じていた。ステラの進歩は信じられないほどだった。いつ何が起こるかわかっていたわけではないが、心の底では、いつかきっとなんらかの形で人々に知られるようになると感じていた。

あらゆることが絶妙なタイミングでうまく働いたことに驚いた。ウェブサイトを大学院で教わった教授に送ったことがノーザン・イリノイ大学の同窓誌のインタビューにつながった。その同窓誌の記事が、言語聴覚士を中心に、その分野の多くの人々の関心を引いた。その記事を見た言語聴覚士のひとりが、ステラの動画をフェイスブックで紹介した。その人のいとこが《ピープル》の記者で、動画を見てわたしに連絡してきた。わたしがプロジェクトを前進させるためにとった小さなステップはどれも、それを広く知らせるのに欠かせないものだった。

木曜の朝、ロサンゼルスから来た「インサイド・エディション」のカメラクルーがアパートメントの表の通りに現れた。三十代後半の男性がふたりバンから出てきた。ステラはすぐにいつものように体を震わせて笑顔でインタビュアーに駆けよった。彼は縁石の近くで腕組みをしながらステラを見下ろした。「思った以上に元気ですね」

「ええ、ステラは……とても興奮していますね」とわたしは言った。「人が好きなんです」彼はステラの頭を一度撫で、そのあとはステラと接しなかった。

ジェイクとわたしは目を見交わした。**うまくいくといいんだけど。**

不安は大きかった。ステラがテレビカメラにどんな反応をするか、まったく知らない人たちと、自分のスペースを撮影機材で乗っ取られた状態で話せるか、まるでわからなかった。リビングルームに機材をセットするあいだ、わたしはステラをできるだけ楽しませ、心地よく過ごせるようにした。カメラマンは長さ九十センチの巨大なカメラを肩にかついだまましゃがみ、ステラと目線の高さを合わせた。ステラの後ろについて、動いても追いかけてきた。ステラは振り向いてカメラを見ると、ボードのところへ駆けていった。「おしまい」ステラは言った。ベッドルームに入り、ベッドの後ろに隠れた。「インタビューを先にやりましょう」と彼は言った。「ステラにはちょっと時間を与えてわれわれに慣れてもらって」

彼らがアパートメントにいた二時間あまりで、ステラはいくつかの言葉を話した。公園に行きたいとか、ボールで遊びたいと伝えたり、外に出られないことに怒ったりした。そして片づけを始めると、「バイバイ」と言った。わたしはステラがこの状況に慣れ、話をする画像が撮れたことにほっとした。この画像を使ったニュースを見るのが楽しみだった。

その二時間後、わたしはCNNインターナショナルのインタビューのためスカイプにつないだ。インタビューの相手も内容もまるで知らなかった。画面は真っ黒なまま、ふたりの司会が話し、わたしに質問した。向こうからは、そして視聴者からもわたしが見えているのに、こちらからは何も見えないのはとても奇妙だった。

「あれは見られないわ」わたしはジェイクに言った。「自分がどう見えて、何を言ったかも知りたくない」

その週の金曜日、NBCのクルーがニューヨークとロサンゼルスから着いたときは、ステラはきちんと対応できるだろうとわかっていたので、少し心配は軽くなっていた。すでにインタビューをふたつ経験して、どんな質問が来るか予測できるようになっていた。CNNのニュースはすでに放送されていた。ステラが話す動画とインタビュー、写真が見事に編集されていた。思ったよりもかなりいい出来だった。

NBCのクルーはふたりではなく五人だった。アパートメント全体を使っても収まりきらないほどの機材が持ちこまれた。なかに入れるためにリビングルームの家具をどかさなければならなかった。ステラのボードは撮影用アンブレラに取り囲まれ、あらゆる角度にカメラが設置された。身をよじらないと狭い室内に入れなくなった。準備を終えると、彼らは長椅子やダイニングのスツール、リビングルームの椅子に並んですわり、ステラを見た。ステラは全員を見て、ボードに歩いていった。

「やあ」ステラは言った。しっぽを振り、歩みよってまた彼らに挨拶した。ステラは混乱していたにちがいない。知らない人たちが突然押し寄せてきて、自分のボードのまわりに奇妙なものをあれこれ置いているのだから。

「インサイド・エディション」は言語やAAC、ステラの進歩について質問した。ところが、ニュースの放映を見てがっかりした。わたしの返答が入っていなかったからだ。わたしの言葉から放送用に選ばれたのは、「ええ、すごいんですよ」というひと言と、ステラのいちばん嫌いな言葉は何かという質問への答えだけだった。ＮＢＣはもっとひどかった。彼らがアパートメントにいた時間は五時間を超えた。わたしはそのために子供たちとのセッションを一日休んだ。連れだってドッグビーチにも行った。それだけのことをしたのに、流されなかったのだ。放送枠からはみ出したことが原因だった。放送されるという保証はないとは知らなかった。それでも、ステラとわたしのブレイクスルーの可能性はより明確になっていた。《ピープル》の記者からボイスメールが来て、これまでの記事のなかでもかなり多くの読者を獲得したと伝えられた。たくさんの心優しい人々からメールが届き、質問され、自分の犬がどれだけのことを理解しているかを教えてくれた。

《ピープル》の記事が出た二週間後、インスタグラムのフォロワーは五十万人になっていた。投稿にはコメントや質問があふれるほどついた。両親は心温まるコメントを集めて小冊子を作り、自分の活動をより広い視野から確認しなければならないときに見られるようにしてくれた。みなあふれるほどの支持や興奮、情熱、喜びを伝えてくれていた。世界はわたしの探究を受けいれる準備が整っていると感じた。ここまでの道を振りかえり、それをさらに広く共有する方法を考えるいい時期だった。

興味を抱いてもらえるのは嬉しいことだが、自分のしていることを人がどう思うかはまもなくあまり重要ではないと思うようになった。大切なのはステラの進歩だけだ。

極度に人々の注目を浴びたこの時期に、わたしが心を打たれたディーパック・チョプラ（作家、医学博士）の言葉を紹介しよう。「何か理由があって幸福だというのは、べつの形の悲惨にすぎない。その理由はいつ奪われるかわからないからだ」

仕事に対する自分の気持ちが、誰かの評価に左右されるのは嫌だった。「動画にたくさん好意的なコメントがついているから嬉しい」というのは、ネガティブなコメントを見つけるたびに気分が害されることにもつながる。仕事そのものを心地よく感じ、インターネット上の知らない人がそれを認めるかどうかということから自由でいたかった。わたしは自分がしていることやステラの進歩が嬉しいかどうか、自分の心に尋ねて確認するようになった。あるいは、こんなふうに自問することもあった。**たくさんの人に見られていないとしたら、どうする？** そして、その答えに従って行動した。

メディアからの依頼やメールは相変わらずつぎつぎにやってきた。なぜか、外国のラジオ局からわたしと話がしたいという電話までかかってきた。フランスのあるラジオ局はジェイクに何度も電話をかけ、メールを送ってきた。いくつかのラジオ局がイリノイ州の両親の家に電話をかけてきた。どうやって番号を知ったのか、いまだに謎のままだ。あるカナダの放送局はわたしが言語聴覚士として働いている会社に電話をかけてきて、わたしと話したいと言った。地元のニュース司会者はつながりを作るためにSNSで友達申請を送ってきた。さっぱりわけがわからない。

あるとき、わたしはベッドルームの明かりを消し、頭からシーツをかぶった。ジェイクが背中をさすってくれた。「まるで何十万もの人々からシャツをいっせいに引っぱられて、何かよこせって言われているみたい」とわたしは言った。わたしには指導する子供たちがいて、仕事がある。知ってほしいのはやまやまだが、言語療法のことや一年半にわたる観察について、インスタグラムのコメント欄やメールへの返信で説明することは不可能だ。すべてに回答しようとしたら、一日中ほかのことができなくなってしまう。わたしは自分が何をしたいのかを知る必要があった。「どうしたらこのすべてを管理できるんだろう？」こんな大変なことになるとあらかじめわかっていたら、きっと準備をしただろうに。

すぐに気づいたのは、この出来事が持つ深い意味は、短い紹介ニュースでは反映されないということだった。一分のビデオクリップでは、言語聴覚士としての思考法や過去一年半の進歩と観察について伝えられない。自分の言葉のどの部分を使うかすらわたしに選択の余地はない。わたしたちの物語を伝え、世界中の人々が言語聴覚士の視点から犬のコミュニケーションや潜在能力を知る役に立ちたかった。そして、わたしの探究やこのわくわくする新しい発想をはじめて紹介するのをほかの人に任せたくなかった。

思いつくかぎりの種類のオファーが届いた。講演会やテレビ番組、インタビュー、ドキュメンタリー、製品開発や指導コースの設立など。そのなかで最も興味を覚えたのは、あるメールの件名だった。「本を執筆しませんか？」

第十八章　これは始まりにすぎない

メディアの狂乱が収まったあと、ステラのボードの残りを埋め、さらに新しい言葉を教えた。「毛布」「お気に入り」「どこ」を加えたことで、ボタンは三十二個になった。ステラがはじめて「お気に入り」を使ったのは、カウチの下に入ってしまい何か月もなくなっていたお気に入りのボールが見つかったときだった。それを引っ張りだすと、ステラはボールをくわえて、「ボール、お気に入り」と言い、何時間もそれで遊びつづけた。

「どこ」を加えたのは、ステラが質問できるようになるか知りたかったからだ。「どこ」は幼児が最初に使う疑問詞のひとつだ。幼児はよく「ママどこ?」「パパどこ?」「ボールどこ?」と尋ねる。どこに行きたいかや、玩具がどこにあるかをステラに尋ねるとき、「どこ」をモデリングした。たった数日モデリングしただけで、ステラはジェイクとわたしが靴を履くと、「どこ?」と尋ねた。海岸から戻ってくると、ステラはバッグのにおいを嗅ぎ、「どこ?」と尋ねた。わたしがジェイクとスピーカーフォンで話していると、

「どこ?」と尋ねて窓の外を見た。玩具や毛布が見えないと、「毛布、どこ?」「どこ、玩具?」と尋ねた。わたしはある日仕事から帰ってくると、「散歩に行きたい?」と聞いた。

ステラはしばらく黙っていた。「どこ?」ステラは尋ね、わたしを見た。

「ビーチで散歩」わたしは言った。

ステラはしっぽを振って、「散歩、外」と言った。

どこに行き、何をするかはステラにとって重要なことなのだ。わたしたちは何か月もまえから「どこに行きたい?」とステラに尋ねていた。いったいいつから、ステラはわたしたちに「どこ?」と尋ねたかったのだろうか。ほかに尋ねたいことはなんだろうか? ほかに何を言えるようになりたいだろう? もっと広いスペースともっと多くの言葉が必要になるだろう。

わたしが自分の犬に言語療法の技法で言葉を教えたとき、結局のところ何が起こっていたのか。ステラが生後八週間のときに、「外」と話すボタンをひとつだけ導入した。当初の計画は、ステラが何を求めているのかを知るために、いくつかの言葉を話せるようにすることだった。わたしはステラが身振りや発声などほかにもさまざまな方法で意思を伝えようとしていることや、言葉を理解していることに気づいて、一緒に成長しながら語彙を加えていった。一歩前進するごとに、視界は開けていった。マーティン・ルーサー・キング・ジュニアはこう言ったという。「信じるとは、たとえ階段の先が見えなくても最初の一歩を踏みだすことだ」

現在、ステラは名詞、動詞、固有名詞、形容詞、疑問詞を使ってたくさんのことを話している。何をしたいか、どこへ行きたいか。わたしのことを考えているとき、わたしたちの行動、好きなもの、怒っているとき、幸せなとき、ひとりになりたいとき、わたしたちに満足しているとき。こうしたことについて伝え、質問に答え、質問をし、短い会話に加わり、日々自分なりのフレーズを作っている。ステラへの言葉の教えかたは完全ではなかった。一枚のボードにすべての言葉を集約するというアイデアを思いつくまでにも数か月かかっている。これから生まれてくる犬には、ステラでも届かなかったような新たな地点に到達しつづけてほしい。これは始まりにすぎない。この開いた扉の先には、これからの可能性やわたしたちの社会が探究し、学ぶべきことが見えている。

いちばんよく聞かれるのは、「どうやってこのアイデアを思いついたのか」ということだ。すぐに浮かぶのは、コミュニケーション・デバイスを使って話をするたくさんの子供たちを診てきたから、という説明だ。ステラのコミュニケーションには、幼児が言葉を話しはじめるまえに示す前言語的なスキルが認められた。そこで考えたのが、ステラにコミュニケーション・デバイスがあったら、言葉を話せるだろうかということだった。

だが本当の理由は、言語聴覚士としての経験よりもさらに深い部分にある。何が可能で、何が不可能かについて、先入観は持っていなかった。犬が話せない理由や、動物が人間の言葉を使おうとしない理由について書いたものを読むことに時間を費やすことはなかった。わたしは言語療法という自分の分野に没頭していて、それを新しい方法で試してみたら面白そうだと思ったのだ。それが可能であるというあらゆる理由がわかっていた。ありうる問題よりも可能性を追い求めた。誰かの専門的知識を絶対的な基準とするのではなく、自分の職業上の経験を信じた。世の中で可能だと思われていることではなく、自分のアイデアを重視した。つぎつぎと新たな発見をすることを妨げるような信念は持っていなかった。

自分の考えに共感しない人がいるからといって、トーマス・エジソンが実験をやめていたらどうなっただろうか。誰かが不可能だと考えているからといって、ライト兄弟が新しい挑戦をやめていたらどうなっただろうか。偉大なアイデアや発見は、「いまあるもの」から意識を少し離して、「ありうるもの」を想像することから生まれる。アルベルト・アインシュタインも言ったように、「論理は人をAからBへと導く。想像は人をどこへでも導く」のだから。わたしは「ありうるもの」を目指すことが祝福され、優先される世界に生きることを選んだ。

言語は、人間と動物の世界を隔てる最後の障壁とみなされることがある。その障壁がなくなったらどうなるだろう。人や動物はみな、理解を超えたさまざまなつながりがあることにわたしたちは気づく。一般に考えられているほど、動物と人は隔たっていない。考え、感じ、意見を持ち、意思を伝え、つながろうとしているという点でまったく同じだ。

人の経験は世界についてどう考えるかによって決まるとわたしは固く信じている。何が問題なのかではなく、何が可能なのかという観点から考えてみてほしい。**もしこれがうまくいったらどうだろう？　結果は想像以上だったらどうだろう？**　どの方向を向いても、可能なことであふれているというレンズを通して世界を見てほしい。最初はどれほど無謀でありえないことのように思えても、好奇心に従ってみてほしい。うまく行きそうもない理由はすべて手放して、可能かもしれない理由を追い求めてほしい。探究を始めるときには、何が起こるかは決してわからない。

幼いステラと暮らしはじめたときから、わたしはステラが人の幼児ときわめてよく似た言語発達の段階を経て進歩するのを見てきた。言葉を使う機会を与えると、ステラは予想を超えて成長し、新しいスキルを獲得していった。いつでも、一回かぎりの状況を言葉で表現し、より長いフレーズを作り、新しい経験について伝える方法を見つけた。平均して、ステラは一日に二十五回から四十回言葉を発している。ときには、五十から六十の単語やフレーズを話す日もある。ステラには話すことがたくさんあり、わたしたちが一緒に生きている世界について伝えたくてたまらないようだ。

子犬を飼えば、生活はあらゆる点で変わると思っていた。ステラと遊び、寄り添うようになるだろうと予想していた。散歩の回数を増やし、成長する姿を見て、大切にし、ステラの個性を知っていくことになるだろう。一緒に暮らしはじめたジェイクとわたしのそばで見守ってくれるだろうと期待していた。

ところがステラが与えてくれたものは、それをはるかに超えていた。わたしの人生を完全に変えてしまった。わたしはもう、ステラが話しはじめるまえに抱いていた世界観に戻ることはできない。ステラのおかげで、犬と人のコミュニケーション能力には際だった類似があることに目を開かれた。仕事以外の時間には、人間と動物の世界の関係について考えざるをえなくなった。コミュニケーションの潜在能力を持っていない子供はひとりもいないと確信するようになった。できるかぎりの努力をして子供たちのためにAACデバイスを手に入れるようになった。ステラは、あらゆる可能性をできるだけ利用することを教えてくれた。能力を信じることがどれほどの力を持つかを教えてくれた。誰もが自分の声で語る権利があり、誰にでも言うべき重要なことがあるのだと知らせてくれた。コミュニケーションの力を人々に強く知ってほしいと思っていることをわたしに自覚させてくれた。人生の目的へと導いてくれた。

ステラとわたしの旅はあふれるほどの可能性を持つひとつの分野の始まりだ。実験すべきことや問い、確認すべきアイデアはたくさんある。犬はほかにどのような言葉を学べるのか？　犬の言語能力の平均的な範囲はどれくらいか？　言語学習に欠かせない期間はあるのか？　子犬と比較して、成犬は言葉を使えるようになるまでにどれくらいの期間がかかるのか？　犬種によって言語能力は異なるのか？　犬に共通する構文の型はなんなのか？　デバイスの設定が言語使用にどのような影響を与えるか？　介助犬が言葉を伝えられるようになれば、より利用者の役に立てるのではないか？　どうすれば特別な支援を必要とする犬に合わせたデバイスを作ることができるか？　言葉を利用することで、犬の環境に対する意識や認識はどのように変化するか？　人は、自分のペットが考えていることをすべて知っていると思うのをやめるだろうか？　動物に代わって人が話すのではなく、動物自身に語らせるようになるだろうか？

ここから、異種間のコミュニケーションに関する研究の新たな扉が開かれるだろうか？　つぎの動物はなんだろう？　犬との新しいコミュニケーションによって、犬に対する扱いはどう変わるだろうか？　ペットの生きかたはどう変わるだろうか？　わたしたちの生きかたはどう変わるだろうか？

いまこそこうした、そしてさらに多くの問いへの答えを探究するときだ。言語によって人間と動物の世界をつなぐべきだ。コミュニケーション革命を起こさなくてはならない。動物と人が力を合わせた発見の成果が待ち遠しい。

付録A　犬に言葉を教えるために

犬に話しかけよう！

年齢に関係なく、すべての犬はかぎりないコミュニケーションの可能性を秘めている。自分の犬の動きや行動を短い簡潔なフレーズで実況しよう。何を言えばいいかわからないときは、こう自問する。**いま起こっていることは何だろう？**　実況の例としては、「ステラ、食べる」「遊ぶ、玩具」「ステラ、クリスティーナ、散歩」「水！」などがある。

犬の非言語的、言語的コミュニケーションを観察する

あなたの犬はいまどのように意思疎通をしているだろうか。ものを前足でつついているだろうか。あなたの気を引こうとして鳴くだろうか。幸せなときしっぽを振るだろうか。欲しいものがあるとき、吠えるだろうか。犬が何かを伝えようとしていることに気づき、反応しよう。言葉だけでなく、すべてのコミュニケーションに反応すべきだ。あらゆる種

類のコミュニケーションに気づくことで、犬は言葉で意思疎通する可能性が高まる。

犬が言語的に、あるいは非言語的にコミュニケーションをしているときに、言葉のモデリングをしよう。犬が扉をつついていたら、「外」と言う。リードのそばで鳴いていたら「散歩」と言う。カウチの下に入ってしまった玩具を見ていたら、「助けて」と言う。犬がいつもしている身振りや発声と言葉を組み合わせれば、言葉の意味を学びやすくなる。

犬がどの言葉を理解しているかに注意しよう

どの言葉を聞いたときに、犬が興奮し、頭を前後に振り、ほかの部屋から駆けこんでくるだろう？　犬があなたの計画に従わないときに言って聞かせる言葉はあるだろうか？　そうした言葉を覚えさせよう。犬がまっさきに学ぶのは、自分がすでに知っている言葉だ。

教える言葉を選択する

こう自問しよう。自分の犬がすでに理解している言葉はなんだろう？　犬がすでに身振りや発声で伝えていることはなんだろう？　頻繁に使う言葉はなんだろう？　さまざまな経験を犬が伝えるのに役立つ言葉はどれだろう？　犬が言うことができたら、全員にとって最も有益なのはどの言葉だろう？　自分の犬がいちばん好きなのは何をすることだろう？　こうした問いへの答えを頼りにして言葉を選ぼう。自分の犬が話したい、そして話す機会が多い言葉から始めよう。

犬のデバイスを自分と犬がすぐ行ける場所に置き、使いやすくしよう

家のなかで、犬が自然に過ごしている場所を見つけよう。やがて拡張する余地がある場所を選んで、余計なものを置いたり、ボタンが隠れてしまったりしないようにしよう。

対応するボタンを押しながら犬に話しかけつづけよう

犬の行動を実況しながら、それと同時に犬のボタンを押すようにしよう。これが補助付き言語インプットだ。話しながらコミュニケーション・デバイスを使うことで、AAC利用者は一層デバイスで話すのが上達する。犬を外へ連れていくまえに、口で「外」と言いながらボタンを押そう。さらによく学べるようにするには、ひとつの言葉を五回から十回繰りかえすのを目標にして、そのあとで行動に移ろう。これを習慣に組みこむ方法の例としては第五章を参照してほしい。

犬がモデリングを観察しているしるしに注意しよう

犬がボタンやデバイスに気づき、モデリングにはっきりと意識を向けるまで時間がかかるかもしれない。犬が見ていないようでも、モデリングを続けよう。話す言葉は犬には聞

こえている。デバイスに気づいているという兆候を探そう。犬はあなたの足元を見ているだろうか、それとも見上げているだろうか？　通りすぎるときボタンを見ているだろうか？　これらはすべて犬が言葉を試そうとしているしるしだ。

犬がモデリングを意識しはじめたら、日々の習慣のなかで会話をする機会を作ろう

犬がモデリングやボタンに気づいていることがわかったら、習慣的なやりとりを利用して話すように促そう。いちばんいい合図は、長く静かな間をとって、そのとき起こっていることを理解し、言葉を試す機会を犬に与えることだ。犬が身振りや発声で何かを伝えようとしているのを見たら、少なくとも十秒から十五秒は黙って待とう。十五秒経っても、犬がボタンのほうへ歩こうとしていたり、ボタンを見ていたら、さらに待つ。話しそうな気配がなかったら、つぎのレベルの自然な合図をつけ加える。

必要なら自然な合図をしよう

静かな間を与えたあとは、ボタンの隣に立ったり、ボタンを指さすといい。犬はなんと、生後六週間から人の身振りによる社会的な合図に反応を示す。指さしたりボタンのそばに立ってもうまくいかなかったら、ボタンを作動させずに指や足で軽く触れてみよう。また、「何が欲しい？」といった自由な回答ができる、言葉による質問で促すのもいい。何を言

うかを犬に指示したり、前足でボタンを押すように強制したりしてはいけない。行動を促《プロン》す刺激《プト》依存を引き起こし、犬が自分から言葉を使えなくなってしまう。

こうした催促をしても犬が言葉を話そうとしない場合、話しながらボタンを押してもう一度モデリングを行い、さらに状況に合った行動を続けよう。

あらゆる形のコミュニケーションへの反応を続ける

言葉を話すまで犬にエサや水、外出、遊びなどをお預けしてはいけない。あらゆる形のコミュニケーションに反応し、犬が言葉を使おうとするチャンスを一、二分与えよう。

犬がデバイスを使おうとしたら褒めよう

犬がデバイスに近づき、においを嗅ぎ、前足で触り、なめ、じっと見ていたら喜びを表そう。自分の居場所に置かれた新しいものについて探り、試していることが誇らしいと伝えよう。犬がうまくボタンを押せたら、反応しよう。偶然だとか、試しに押してみただけだと思っても、かならず反応する。犬は言葉を使ったときの飼い主の反応を観察し、その意味を学ぶ。

言葉に答える

学習の初期段階ではとくに、犬の言葉にできるだけ頻繁に答えよう。この場合もやはり、意図を持った言葉ではないと思われても、そうであるかのように反応しよう。適切な反応をすることで、犬はそれぞれの言葉を意図的に使う方法を学ぶ。話したものの、本当に言いたいのはべつの言葉だと思ったときでも、それに反応しよう。これが、言葉を区別することを学ぶ大きな機会になる。最初に言った言葉に反応したあとで、犬が言いたかったと思われる言葉をモデリングするのもいいだろう。

モデリングを続ける

犬が言葉を話しはじめたときにモデリングをやめないこと。飼い主が犬のデバイスを使っていれば、それだけ犬は学びつづけ、自分でも使うようになる。さまざまな状況でモデリングをしよう。そうすることで、犬は言葉の意味をいろいろな場面で使えるように一般化することになり、犬にさまざまな方法でその言葉が使えるのだと教えられる。

犬がさまざまな経験について話せるように言葉を追加しつづけよう

迷ったときは、言葉をさらに足そう。犬はこれほど学べるのか、こんなことを好んで話すのか、と驚くことになるかもしれない。自分が犬に話しかけるときによく使っている言葉や、犬の日常的な活動、コミュニケーションのさまざまな機能を思い返してみよう。あなたの犬には、要求以外のことを話すための言葉があるだろうか？　「ノー」や「おしまい」を伝える方法があるだろうか？　あなたを呼んだり、自分が幸せとか怒っていると伝えることができるだろうか？

犬が一語で話しはじめたら、二語のフレーズをモデリングしよう

犬が新たな節目に到達しても、つぎのレベルに上がるためにモデリングを続けよう。「遊ぶ、外」「散歩、外」「来て、遊ぶ」などの短いフレーズの手本を示そう。いまある言葉を結びつけるのがむずかしいと感じたら、名詞ではなく動詞を多めに加えてみよう。飼い主が犬の言葉をつなげにくいと感じるなら、犬にとってはさらにむずかしい。

楽しむこと

犬に言葉を教え、犬の考えや性格をよく知り、より深いレベルでつながるのはすばらしいことだ。その過程を楽しみ、犬と一緒に成し遂げた成長に誇りを持とう。

困ったときは

どう言葉を教えればいいかわからない……

自分自身のコミュニケーションについて考えてみよう。あなたがその言葉を自然に使うのはどんな状況だろうか？　モデリングはそれと同じ状況で行うべきだ。たとえばわたしは、「『欲しい』という言葉をいつ使うだろう？」と考えた。その言葉を使うのはものや活動を要求するときだ。だから、ステラがものや活動を要求しているのがわかったときは毎回、ステラの言葉や身振りに合わせて「欲しい」をモデリングした。

犬が予想外の、あるいは「でたらめ」に思える言葉を話す

その言葉に反応しよう。あなたの犬は、新しい言葉を試しているのかもしれない。犬が言葉の意味を学ぶための材料は、あなたの反応だけだ。反応したあと、思ったものを手に入れていない様子なら、犬が言おうとしたと思われる言葉をモデリングし、そのあとでそれに対する自然な反応をしよう。

犬がボタンやデバイスを怖がっている

ボタンを使ったり、近づくように強制しないこと。数日間ボタンをしまっておいて、それからもう一度使ってみよう。ボタンのそばで立ったりすわったりして過ごし、害のないものだと教えよう。可能なら、ボタンのそばにいるときに犬を呼んで撫でよう。犬がおと

なしくしていたら、もう一度言葉をモデリングし、適切な反応をしよう。飼い主が落ち着いているほど、犬も落ち着くことができる。

話すのは命令したときだけで、自分からは話さない

いま与えている言葉での催促をすぐにやめよう。あなたの犬は、自分自身でボタンを使うのではなく、合図を待ってそれから話すというパターンを学んでしまっている。「外に行きたい？」と尋ねたり、「外と言って」と言うのではなく、ただ「外」と口で言い、ボタンを押してから犬を外へ連れだそう。犬が身振りや発声で外へ行きたいと伝えていることに気づいたら、小さな、自然な合図を与えよう。ボタンのそばに黙って立つか、ボタンに視線を送ることから始めよう。そして必要なら、それを指さしたり、触れたりしよう。合図を追加するまえに最低でも十秒から十五秒待つことを忘れずに。しばらく待つだけで話せるようになる場合もある。

犬が同じものや活動を繰りかえし要求する

ものや活動を表す言葉を犬がしっかりと理解しているなら、「おしまい」「終了」「やめる」あるいは「あとで」といった言葉をボタンに取りいれよう。そうすれば「おしまい、散歩」とか、「散歩、あとで」と話しながらボタンを押すという反応ができる。「おしま

い、散歩、遊ぶ、いま」と、いま犬が代わりにできる活動を教え、それから遊ぼう。あるいは、「おしまい、散歩、ベッド、いま」と言って犬のベッドで撫でてあげよう。

また、いま犬が使える言葉の数も考慮しよう。数語しかない場合、あなたの犬はひとつの言葉でいくつかの異なる要求や必要について話しているかもしれない。もっと多くの言葉を使えるようにすることで、意味の違いを区別することができるようになる。

モデリングを始めて二、三週間経ってもボタンを使わない

進歩を表すわずかな変化に注意しよう。立ちどまってボタンを見ていないか。いつもよりゆっくりとボタンのそばを通りすぎていないか。モデリングを見ていないか。ボタンの脇に立っていないか。これらはすべて正しい方向へのステップだ。言葉を話すまえに、まずはこうした段階を目指そう。進歩には時間がかかるし、ゆっくりとしか進まないこともある。

新しい言葉を加えてモデリングするのもいい。意外にも、犬はいつもとちがう言葉を話すことに興奮するかもしれない。

デバイスの設定を変えなくてはならない

デバイスを変えると、犬は言葉の位置を覚えなおすのに時間がかかることを理解しよう。

できれば最低でも最初の二、三日は古いデバイスを片づけずに、使えるようにしておいて、新しいデバイスでモデリングをしよう。こうすれば、慣れたものを完全になくしてしまうよりもショックを受けにくい。デバイスを移行するときは新しいデバイスで頻度を上げてモデリングし、犬のあらゆる形のコミュニケーションを意識し、犬が新しいデバイスを試したときにはしっかりと褒めて励ますようにして犬の力になろう。

期待したような進歩が見られないときは自問しよう

犬の基本的な欲求は満たされているか？

犬は自分の環境を安全で危険がないと感じているか？　しっかりと休息がとれているか？　遊び時間は十分か？　犬がどう感じているかは学習能力に影響を及ぼす。ストレスや疲れ、病気、恐れ、気後れなどがあれば、新しいことを学ぶのはより困難になる。

モデリングをしているときの状況は混乱していないか？

ほかの騒音がしていたり、べつの活動が行われている場所では、犬は集中しにくくなる。モデリングや犬との取り組みは静かな環境で行おう。

家族全員がモデリングをしているか？

犬のコミュニケーション・デバイスを使って話す人が多ければ、それだけ犬はよく学べる。一貫性が重要だ。

二度めの合図を与えるまえに十分な時間をとっているか？

犬のボタンを自分で押すまえに、最低でも十秒から十五秒は待とう。AAC利用者やコミュニケーションを始めたばかりの人には、何が起こっているかを考え、処理する時間が必要だ。

犬が話したくなる言葉だろうか？

最初に選ぶ言葉は、あなたの犬がきっと話したいと思う言葉を選ぼう。犬がすでに身振りや発声で伝えていることは何か、あなたがどの言葉を口にすると興奮するかを考えよう。

使える言葉が少なすぎないか？

より多くの言葉をモデリングし、日常の習慣に取りいれることで、犬の学習速度は上がる。多く触れれば、それだけ多くを学ぶことができる。

命令に従って話すように犬に教えこんでいないか？

いつ何を言うかを犬に指示していると、独立して言葉を使う能力が育たない可能性がある。犬は自分が言いたいことではなく、あなたが指示したことを話すようになる。最終的な目標は言葉を使って自発的に意思を伝えることであって、命令に従って話すことではない。ある言葉を言うよう命令するのではなく、適切な状況で言葉のモデリングをしよう。

デバイスは犬が簡単に行ける場所にあるか？

ボタンやデバイスを、犬が自然に多くの時間を過ごす場所に置こう。

ボタンの位置を動かしていないか？

言葉の位置を動かすと犬は混乱してしまう。それはタイピングするたびにキーボードのキー配列を入れ替えるようなものだ。学習を速めるには言葉の場所を一定にしなくてはならない。

付録B　サイトと参考文献

補助代替コミュニケーション（AAC）、言語発達、言語療法についてさらに学びたい方は以下を参照してほしい。

Hunger for Words: www.hungerforwords.com
「Hunger for Words（ハンガー・フォー・ワーズ）」はクリスティーナ・ハンガーによるウェブサイトだ。ステラとのコミュニケーションの過程を共有し、読者に言語療法とAACについて教え、多くの人が自分のペットに話すことを教えるよう促すことを目指している。ステラが話している動画やよくある質問への答え、読者が自分の犬に言葉を教えるのに役立つ情報が得られる。

アメリカ言語聴覚士協会（ASHA）：www.asha.org

アメリカ言語聴覚士協会（ＡＳＨＡ）は国が認定した言語聴覚士の専門的、科学的団体で、資格認定を行っている。ＡＳＨＡは言語療法による診察や研究資料、根拠に基づく介入に関する情報を提供している。

AssistiveWare: www.assistiveware.com

アシスティブウェア社は医療機材のメーカーで、同社のウェブサイトにはＡＡＣに関する重要な話題についての読みやすい記事が数多く掲載されている。やればできると仮定することやモデリング、コミュニケーションのさまざまな機能、よいコミュニケーションパートナーになる方法に関する読みものを探しているなら、まずは「ＡＡＣについて知ろう」というコーナーを読むといい。

Language Acquisition through Motor Planning (LAMP): www.aacandautism.com/lamp

ＬＡＭＰ（運動学習による言語習得）とは、言語聴覚士と作業療法士によって開発された療法だ。運動学習と自然な言語習得の原則に基づいた手法で言葉を教え、コミュニケーションの機能を高めるのに高い効果を発揮する。ＬＡＭＰのウェブサイトでは運動学習による言語習得の力やＡＡＣの重要な特徴についての情報が得られる。

PrAACtical AAC: www.praacticalaac.org

PrAACtical AACは、AACの研究者であるキャロル・ザンガリ教授のブログだ。セラピーのヒントや戦略が豊富で、AAC利用者が効果的にコミュニケーションを行えるようになるのに役立つ。

AAC Language Lab: www.aaclanguagelab.com/language-stages

AACデバイスの主要メーカーのひとつ、PRC社のウェブサイトであるAAC Language Labは、言語聴覚士やAAC利用者の先生、親をサポートする情報を提供している。「言葉の段階」という欄では、言語習得の各局面についてすばらしい説明がなされ、それぞれの段階で目指すべき目標が挙げられている。

The Hanen Centre: www.hanen.org

ヘイネン・センターは言語聴覚士によって設立された非営利団体で、幼児が言葉やコミュニケーション能力を身につける助けをするために親が訓練を受けている。効果的な言語促進戦略についての講座やガイドブック、ワークショップ、無料記事を提供している。

参考文献

ダナ・サスキンド、掛札逸美訳『３０００万語の格差――赤ちゃんの脳をつくる、親と保育者の話しかけ』明石書店（*Thirty Million Words: Building a Child's Brain* by Dana Suskind）

ペーター・ヴォールレーベン、本田雅也訳『後悔するイヌ、嘘をつくニワトリ――動物たちは何を考えているのか？』ハヤカワ・ノンフィクション文庫（*Das Seelenleben der Tierre* by Peter Wohlleben）

フランシーン・パターソン、ユージン・リンデン、都守淳夫訳『ココ、お話しよう』どうぶつ社（*The Education of Koko* by Francine Patterson and Eugene Linden）

ブライアン・ヘア、ヴァネッサ・ウッズ、古草秀子訳『あなたの犬は「天才」だ』早川書房（*The Genius of Dogs: How Dogs Are Smarter than You Think* by Brian Hare and Vanessa Woods）

サイ・モンゴメリー、小林由香利訳『愛しのオクトパス――海の賢者が誘う意識と生命の神秘の世界』亜紀書房（*The Soul of an Octopus: A Surprising Exploration into the Wonder of Consciousness* by Sy Montgomery)

Chasing Doctor Dolittle: Learning the Language of Animals by Con Slobodchikoff

Chaser: Unlocking the Genius of the Dog Who Knows a Thousand Words by John W. Pilley and Hilary Hinzmann

謝辞

両親のローラとブライアン・ハンガーに、わたしをいまのように育ててくれたことに感謝している。幼いころから、わたしの思いや意見は大切なのだと教え、自分が信じていることを主張するように導いてくれた。みんなとはちがう考えかたをしてもいいのだと励まし、変わらず愛し支えてくれてありがとう。

姉のサラ・ハンガーとケイト・エリオットに、子供のころ、すばらしいお手本としてそばにいてくれてありがとう。自分の道を切り拓いていくことで、わたしにも自分の道を行けばいいのだと思わせてくれた。ふたりのようになりたいとどれだけ願ったことか。

すばらしい友人、グレース・スティーヴンズに。きっとわたしたちはめぐりあって一緒に働く運命だったのだと思う。言語療法についても人生についても、いつも的確なアドバイスをくれ、ステラのＡＡＣのことでアイデアを出しあい、この本の原稿を読み、すばらしい友人でいてくれてありがとう。

すてきな友人のサラ・リースに、ハンガー・フォー・ワーズという言葉を考えてくれたことと、AACの可能性についての議論につきあってくれたことに感謝する。出かけるときにはいつもiPadを持っていって、AACで話をしようと言ってくれる人は、きっとあなたしかいない。あなたが言語聴覚士として担当している子供たちはとても幸せだ。

ノーザン・イリノイ大学言語療法科に、すばらしい教育を授け、補助的なコミュニケーションという魅力的な世界を教えてくれたことに対して。そして、最初の病院の上司でありメンター、いまはすばらしい友人であるミシェル・オローリン、ありがとう。あなたは自分の心に耳を澄ませることや、既存の枠組みに収まらない発想の重要性を教えてくれた。

出版エージェントのクリストファー・ハーメリンとライアン・フィッシャー・ハーベッツに、本を書いているあいだずっと、アイデアと励まし、熱意を与えてくれたことに感謝する。クリストファー、あなたはすばらしい出版エージェント、相談役、友人でいてくれた。ともに可能性の国の住人となり、わたしの思いを多くの人に伝える助けをしてくれたことに。ライアンには、わたしの本に情熱を注いでくれたことに対して。何が起こったときでも、あなたならすばらしい助言をしてくれると頼りにしていた。ふたりには、わたしを人生のつぎの段階に連れていってくれたことを感謝する。

編集者のマウロ・ディプレタには、わたしにこの本を書く力があると信じてくれたことに。あなたとの仕事から、とても多くのことを学んだ。またコメントや提案、編集者としての視点にも大いに感謝している。この本のアイデアを実現できたのはあなたのおかげだ。ウィリアム・モローのチームには、この本を作り、世に送りだすための多大な骨折りに感謝する。タヴィア、ジェイミー、ヴェディカ、ケリー、あなたたちと知りあい、仕事ができてとても楽しかった。本を作る過程をわたしに案内し、この本に携わるのに、あなたたち以上の人たちはきっといなかった。

ハンガー・フォー・ワーズのコミュニティと読者の方々へ、この旅に参加してくれたことを感謝する。この運動がこうして考えられないほど広がっているのは、すべてあなたがたのおかげだ。多くの人が自分の犬（それに犬以外のペット！）とAACを利用していることは、信じられないほど誇らしい。あなたがたはみな、この異種間コミュニケーションの新時代の重要な参加者であり、世界に向かって、誰にでも語るべき思いがあることを示している。

この本を夫のジェイクに捧げたい。無条件の愛と支えに、言葉ではとても表せないほど感謝している。どんな日も、何をしようとしてもあなたが信じてくれたことが、わたしにはかけがえのないことだった。一緒にステラに言葉を教え、この本の原稿をいつも何度も読み、わたしの夢の最大の支持者でいてくれてありがとう。つぎは何を一緒にやることになるか、待ち遠しくてしかたない。

そして最後に、ステラに感謝する。会った瞬間に、きっと一緒に特別な旅をすることになると思ったけれど、これはさすがに想像を超えていた。かわいいあなたのキスやくねくねとした体の動き、笑顔、愛に、ありがとう。あなたはわたしのアイデアの源《みなもと》だ。心から愛してる。

訳者あとがき

うちの犬は絶対に言葉を理解している。そう思う飼い主は多いだろう。この本は子供のころからそう確信して育った著者、クリスティーナ・ハンガーが、言語聴覚士として働きはじめたころに一匹の犬を飼い、やがてその犬とボタンを使って会話をするようになるまでを記録したノンフィクションだ。

カタフーラ・レパード・ドッグとブルー・ヒーラーのミックス犬ステラが、足元に置かれたボードに並んだ、早押しクイズで使われるような色鮮やかなボタンを押す。するとあらかじめ録音された言葉が流れる。それはステラの要求や気持ち、起こった出来事などを表しており、そのボタンによって飼い主のハンガーや彼女のパートナー、ジェイクと意思疎通を行っている。

ハンガーが生後八週間のステラを引き取ったのは、大学院を卒業し、言語聴覚士として言葉の遅い子供の支援に携わるようになって一年めのころだった。支援の中心になるのは、障害のある人が口で話す代わりに用いる補助代替コミュニケーション（AAC）のデバイスを使う指導をすることだ。彼女は、一緒に暮らしはじめたステラに、トイレやエサ、水、玩具での遊びなど、必要なしつけをしていくうちに、人間の子供と子犬とで、自分の言葉への反応がとてもよく似ていることに気づく。ステラは、まもなく言葉を話すようになる子供と同じ兆候を見せていた。しかし、ここまでは同じような経過をたどって発達してきた人間と犬だが、子供はその後言葉を話せるようになっていくのに対し、子犬の言語発達はそこで終わる。これまでは、それは当たり前のことだと考えられてきた。だが、本当にそうだろうか？　ハンガーはそんな疑問を抱く。ステラも、犬が扱えるような形態のものであれば、AACのデバイスが使えるのではないか？　ステラを言語聴覚士として介助したら何が起こるだろう？　こうして、犬に言葉を話すことを教えるという類のない探求が始まった。ハンガーは音声を録音できるボタンに、「遊ぶ」や「水」など、ステラにとって大切な言葉を吹きこみ、それをステラ専用のAACデバイスにした。そして粘り強く言葉を教え、ステラが自分からボタンを押すように導いた。その試みは成功し、ステラはボタンを押して言葉を発するようになったばかりか、やがて当初の予想を超えたコミュニケーション能力を獲得していく。使い分けることのできるボタンの数は少しずつ増えていった。さらに、はじめはふたつ、やがてもっと多くの言葉をつなげて話すようになった。

著者の探究で大切なのは、ステラがご褒美をもらうためではなく、自分にとって意味のあるタイミングでボタンを押し、言葉を話しているという点だろう。外へトイレをしに行きたいときには「外」を押し、エサを催促するために「食べる」を押す。サンディエゴの海岸近くに引っ越したあとは、ドッグビーチへの散歩がお気に入りになり、「ビーチ」を連打するようになった。著者の目標ははじめから、犬に言葉の鳴るボタンを押させることではなく、犬が言いたいことを自分から言えるようになることだった。ただボタンを押させるためなら、その報酬としてご褒美をあげればいい。ただし、外から見ればまったく同じ行動なのに、ご褒美のためにボタンを押すときには、発せられた言葉は犬にとって意味がないし、そのやりとりは会話とはまるで異なる何かになってしまう。ステラにとっての報酬は、自分の言葉が相手に伝わって、外へ出られたり、エサが食べられたりすること、つまりコミュニケーションそのものだ。

ステラはしだいに、水や散歩などを単純に要求するだけではなく、起こったことを報告したり、自分の感情を伝えたりするようになっていく。なかでもわたしが強い印象を受けたのが、「好きだよ」という言葉だ。このボタンを導入するくだりを読むと、犬に「好きだよ」の意味はわからないのでは、と口をはさみたくなる。だが思い返してみると、自分は子供のころ「好き」とか「嫌い」という言葉をどんなふうに使うようになっただろうか。覚えてはいないが、たぶん、はじめに言葉の意味を説明されたわけではないと思う。ハンガーは、ほかの言葉の場合と同じように、「好きだよ」の言葉を使うべき場面で使ってみせるというモデリング（手本を示すこと）によって、ステラにこの言葉を教える。ステラはその言葉を使うべき場面を見てとり、自分でも適切な状況で話すようになっていく。考えてみれば、人間だって、他人の「好き」や「歯が痛い」を実際に見ることはできないし、自分のこととして感じることはできない。そう考えると、じつは犬と人間に、こうした抽象的な言葉を使うことでさえ、思っていたほどの違いはないのではないかと思えてくる。そしてその先には、著者が第十八章に書いているように、人間と動物の関係について、もっと広大な探究の可能性が広がっている。

ステラが行っているコミュニケーションは、どの程度自発的なものなのか。人間同士のコミュニケーションとどの点で同じであり、どの点では異なるのか。それについては今後検証される必要があるだろう。一方で、そうした探究や議論とは関係なく、うちの犬にも言葉を教えて、会話ができるようになりたい、という読者もたくさんいるはずだ。この本には、巻末の付録をはじめ、そのための方法やヒントがたくさん載っている。ぜひ参考にしていただきたい。

二〇二二年八月

原 注

1. "Catahoula Leopard Dog," DogTime, accessed September 9, 2020. https://dogtime.com/dog-breeds/catahoula-leopard-dog.
2. "Australian Cattle Dog Breed Information, Pictures, Characteristics & Facts," DogTime, accessed September 9, 2020. https://dogtime.com/dog-breeds/australian-cattle-dog.
3. Jana M. Iverson and Susan Goldin-Meadow, "Gesture Paves the Way for Language Development," *Psychological Science* 16, no. 5 (May 1, 2005): 367–71. https://doi.org/10.1111/j.0956-7976.2005.01542.x.
4. Louis Michael Rossetti, *The Rossetti Infant Toddler Language Scale: A Measure of Communication and Interaction* (Austin, TX: PRO-ED, Inc., 2005).
5. Rossetti, *The Rossetti Infant Toddler Language Scale.*
6. Janet R. Lanza and Lynn K. Flahive, *Guide to Communication Milestones* (East Moline, IL: LinguiSystems, 2008).
7. Gregg Vanderheiden, "A Journey Through Early Augmentative Communication and Computer Access," *Journal of Rehabilitation Research and Development* 39, no. 6 (2002): 39–53.
8. John W. Pilley and Alliston K. Reid, "Border Collie Comprehends Object Names as Verbal Referents," *Behavioural Processes* 86, no. 2 (2011): 184–95. https://doi.org/10.1016/j.beproc.2010.11.007.
9. John W. Pilley, "Border Collie Comprehends Sentences Containing a Prepositional Object, Verb, and Direct Object," *Learning and Motivation* 44, no. 4 (November 1, 2013): 229–40. https://doi.org/10.1016/j.lmot.2013.02.003.
10. Attila Andics, Anna Gábor, Márta Gácsi, Tamás Faragó, Dora Szabo, and Adam Miklosi, "Neural Mechanisms for Lexical Processing in Dogs," *Science* 353, no. 6303 (September 2, 2016): 1030–32. https://doi.org/10.1126/science.aan3777.
11. Nell Greenfieldboyce, "Their Masters' Voices: Dogs Understand Tone and Meaning of Words," NPR, August 30, 2016, www.npr.org/sections/health-shots/2016/08/30/491935800/their-masters-voices-dogs-understand-tone-and-meaning-of-words.
12. Tara O'Neill, Janice Light, and Lauramarie Pope, "Effects of Interventions That Include Aided Augmentative and Alternative Communication Input on the Communication of Individuals with Complex Communication Needs: A Meta-

Analysis," *Journal of Speech, Language, and Hearing Research* 61, no. 7 (July 13, 2018): 1743–65. https://doi.org/10.1044/2018_jslhr-l-17-0132.

13. Luigi Girolametto, Patsy Steig Pearce, and Elaine Weitzman, "Interactive Focused Stimulation for Toddlers with Expressive Vocabulary Delays," *Journal of Speech, Language, and Hearing Research* 39, no. 6 (December 1, 1996): 1274–83. https://doi.org/10.1044/jshr.3906.1274.
14. Shakila Dada and Erna Alant, "The Effect of Aided Language Stimulation on Vocabulary Acquisition in Children with Little or No Functional Speech," *American Journal of Speech-Language Pathology* 18, no. 1 (February 1, 2009): 50–64. https://doi.org/10.1044/1058-0360(2008/07-0018).
15. Napoleon Hill, *Think and Grow Rich* (New York: Jeremy P. Tarcher/Penguin, 2005).（『思考は現実化する』〔ナポレオン・ヒル、田中孝顕訳、きこ書房〕）
16. 同上
17. Erinn H. Finke, Jennifer M. Davis, Morgan Benedict, Lauren Goga, Jennifer Kelly, Lauren Palumbo, Tanika Peart, and Samantha Waters, "Effects of a Least-to-Most Prompting Procedure on Multisymbol Message Production in Children with Autism Spectrum Disorder Who Use Augmentative and Alternative Communication," *American Journal of Speech-Language Pathology* 26, no. 1 (February, 2017): 81–98. https://doi.org/10.1044/2016_ajslp-14-0187.
18. Hilary Mathis, "The Effect of Pause Time Upon the Communicative Interactions of Young People Who Use Augmentative and Alternative Communication," *International Journal of Speech-Language Pathology* 13, no. 5 (2011): 411–21. https://doi.org/10.3109/17549507.2011.524709.
19. "Dogs' Intelligence on Par with Two-Year-Old Human, Canine Researcher Says," American Psychological Association, August 10, 2009. https://www.apa.org/news/press/releases/2009/08/dogs-think.
20. Gregg Vanderheiden and David Kelso, "Comparative Analysis of Fixed-Vocabulary Communication Acceleration Techniques," *Augmentative and Alternative Communication* 3, no. 4 (1987): 196–206. https://doi.org/10.1080/07434618712331274519.
21. John Halloran and Cindy Halloran, *LAMP: Language Acquisition through Motor Planning* (Wooster, OH: The Center for AAC and Autism, 2006).
22. Halloran and Halloran, *LAMP*.
23. Halloran and Halloran, *LAMP*.
24. Jennifer J. Thistle, Stephanie A. Holmes, Madeline M. Horn, and Alyson M. Reum, "Consistent Symbol Location Affects Motor Learning in Preschoolers Without Disabilities: Implications for Designing Augmentative and Alternative

Communication Displays,"*American Journal of Speech-Language Pathology* 27, no. 3 (August 6, 2018): 1010–17. https://doi.org/10.1044/2018_ajslp-17-0129.
25. Juliann Woods, Shubha Kashinath, and Howard Goldstein, "Effects of Embedding Caregiver-Implemented Teaching Strategies in Daily Routines on Children's Communication Outcomes," *Journal of Early Intervention* 26, no. 3 (April 1, 2004): 175–93. https://doi.org/10.1177/105381510402600302.
26. Joshua Becker, "Display What You Value Most," Becoming Minimalist, October 2, 2019. https://www.becomingminimalist.com/benefit-display-what-you-value-most/.
27. Saul Mcleod, "Maslow's Hierarchy of Needs," Simply Psychology, March 20, 2020. https://www.simplypsychology.org/maslow.html.
28. Jennifer Kent-Walsh, Kimberly A. Murza, Melissa D. Malani, and Cathy Binger, "Effects of Communication Partner Instruction on the Communication of Individuals Using AAC: A Meta-Analysis." *Augmentative and Alternative Communication* 31, no. 4 (2015): 271–84. https://doi.org/10.3109/07434618.2015.1052153.
29. Rossetti, *The Rossetti Infant Toddler Language Scale*.
30. Halloran and Halloran, *LAMP*.
31. "Augmentative and Alternative Communication Decisions," American Speech-Language-Hearing Association (ASHA), accessed September 9, 2020. https://www.asha.org/public/speech/disorders/CommunicationDecisions/.
32. Daniel H. Pink, *Drive: The Surprising Truth About What Motivates Us* (Edinburgh, UK: Canongate Books Ltd., 2018).（『モチベーション 3.0——持続する「やる気!《ドライブ!》」をいかに引き出すか』〔ダニエル・ピンク、大前研一訳、講談社〕）
33. 同上
34. 同上
35. David Crystal, "Roger Brown, A First Language: The Early Stages. Cambridge, MA: Harvard University Press, 1973. Pp. Xi 437," *Journal of Child Language* 1, no. 2 (Novenber 1, 1974): 289–307. https://doi.org/10.1017/s030500090000074x.
36. Nancy J. Scherer and Lesley B. Olswang, "Role of Mothers' Expansions in Stimulating Children's Language Production," *Journal of Speech, Language, and Hearing Research* 27, no. 3 (September 1, 1984): 387–96. https://doi.org/10.1044/jshr.2703.387.
37. Rossetti, *The Rossetti Infant Toddler Language Scale*.
38. Halloran and Halloran, *LAMP*.
39. Erika Hoff, *Language Development* (Belmont, CA: Wadsworth/Thomson

Learning, 2005).
40. Julia Riedel, Katrin Schumann, Juliane Kaminski, Josep Call, and Michael Tomasello, "The Early Ontogeny of Human–Dog Communication," *Animal Behaviour* 75, no.3(2008):1003–14.https://doi.org/10.1016/j.anbehav.2007.08.010.
41. Vanderheiden and Kelso, "Comparative Analysis."
42. Shari Robertson, "Celebrating the Bold Thinking of ASHA Imaginologists," *The ASHA Leader* 24, no. 11 (November 1, 2019): 8–10. https://doi.org/10.1044/leader.ftp.24112019.8.

世界《せかい》ではじめて人《ひと》と話《はな》した犬《いぬ》 ステラ

2022年 9 月20日　初版印刷
2022年 9 月25日　初版発行

＊

著　者　クリスティーナ・ハンガー
訳　者　岩崎《いわさき》晋也《しんや》
発行者　早 川　浩

＊

印刷所　株式会社亨有堂印刷所
製本所　大口製本印刷株式会社

＊

発行所　株式会社　早川書房
東京都千代田区神田多町2−2
電話　03-3252-3111
振替　00160-3-47799
https://www.hayakawa-online.co.jp
定価はカバーに表示してあります
ISBN978-4-15-210167-9　C0045
Printed and bound in Japan
乱丁・落丁本は小社制作部宛お送り下さい。
送料小社負担にてお取りかえいたします。

図書館ねこデューイ

——町を幸せにしたトラねこの物語

Dewey

ヴィッキー・マイロン

羽田詩津子訳

ハヤカワ文庫NF

アメリカの田舎町の図書館で保護された一匹の子ねこ。デューイと名づけられたその雄ねこはたちまち人気者になり、町の人々の心のよりどころになってゆく。ともに歩んだ女性図書館長が自らの波瀾の半生を重ねつつ、世界中に愛された図書館ねこの一生を綴った感動のエッセイ。

猫的感覚

——動物行動学が教えるネコの心理

Cat Sense

ジョン・ブラッドショー

羽田詩津子訳

ハヤカワ文庫NF

感情をあらわにしないネコは一体何を感じ、何に基づいて行動しているのか？　人間動物関係学者である著者が、野生から進化したイエネコの一万年に及ぶ歴史から人間が考えるネコ像と実際の生態との違い、一緒に暮らすためのヒント、ネコの未来までを詳細に解説する総合ネコ読本。

羊飼いの暮らし

——イギリス湖水地方の四季

The Shepherd's Life

ジェイムズ・リーバンクス

濱野大道訳

ハヤカワ文庫ＮＦ

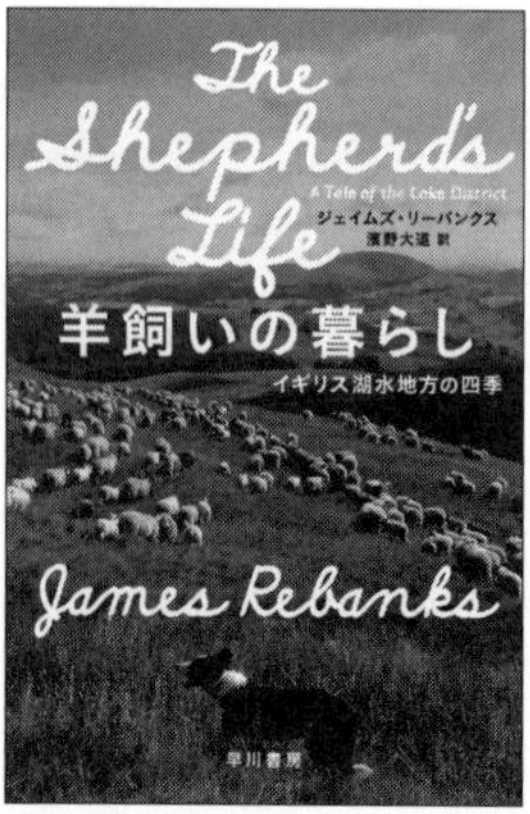

太陽が輝き、羊たちが山で気ままに草を食《は》む夏。競売市が開かれ、一番の稼ぎ時となる秋。過酷な雪や寒さのなか、羊を死なせないよう駆け回る冬。何百匹もの子羊が生まれる春。湖水地方で六〇〇年以上続く羊飼いの家系に生まれたオックスフォード大卒の著者が、羊飼いとして生きる喜びを綴る。

解説／河崎秋子

樹木たちの知られざる生活
——森林管理官が聴いた森の声

Das geheime Leben der Bäume

ペーター・ヴォールレーベン

長谷川　圭訳

ハヤカワ文庫NF

樹木には驚くべき能力と社会性があった。子を教育し、会話し、ときに助け合う。一方で熾烈な縄張り争いを繰り広げる。音に反応し、数をかぞえ、長い時間をかけて移動さえする。ドイツで長年、森林管理をしてきた著者が、豊かな経験と科学的事実をもとに綴る、樹木への愛に満ちあふれた世界的ベストセラー！

後悔するイヌ、嘘をつくニワトリ

動物たちは何を考えているのか？

DAS SEELENLEBEN DER TIERE

ペーター・ヴォールレーベン

本田雅也訳

ハヤカワ文庫ＮＦ

叱られるとバツが悪そうな表情をするイヌ、メンドリを欺いて誘惑するオンドリ、ネコに愛情をそそぐカラス、名前が呼ばれるまで待つ礼儀正しいブタ……。動物たちの感情や知性は想像以上に奥深い。ドイツで27万部のベストセラー。森林官が長年の体験と科学的知見をもとに綴ったエッセイ。『動物たちの内なる生活』改題